小動物基礎臨床技術シリーズ

精巣・精巣腫瘍摘出術

監修 藤田 淳　金井 浩雄　三輪 恭嗣
著　戸村 慎太郎　高橋 洋介　岩田 泰介
　　橋本 裕子　金井 浩雄　西村 政晃

EDUWARD Press

序　文

　「基礎臨床技術シリーズ」は、臨床初学者を対象に、大学で学んだ座学と臨床現場で求められる実践技術とのギャップを埋め、座学と臨床をつなげることを目的としている。シリーズの一冊である本書「精巣・精巣腫瘍摘出術」では、基礎的な手術手技である「精巣摘出術」を取り上げ、いわゆる「去勢」から潜在精巣、精巣腫瘍までを網羅した。精巣という臓器に絞って構成されているのが特徴である。

　犬と猫については、小動物外科レジデントの先生方を中心に、新しい知見を含めてご執筆いただいた。また、腹腔鏡外科については第一人者である金井浩雄先生にご執筆いただき、エキゾチックアニマルの去勢手術についても第一人者である三輪恭嗣先生のご監修のもと、臨床経験豊富な西村政晃先生にご執筆いただくことができた。このように、多分野のプロフェッショナルが結集し精巣・精巣腫瘍の摘出術について解説した書籍は他にはないだろう。

　本書では、総論として周術期管理や解剖について述べたのち、各術式についての手順やポイントを解説していく流れとなっている。改めて本書を俯瞰してみると、複数の手術において同様の手技が用いられることがわかる。解剖学や生理学、そしてハルステッドが記した手術原則が、すべての手術の土台となっているのである。もっとも基本的な手術である精巣摘出のなかにも、こうした土台があることを感じながら実践してほしい。

2024年8月吉日

藤田 淳

監修者・執筆者一覧

■ 監修者

藤田　淳　　　公益財団法人 日本小動物医療センター／
　　　　　　　東京大学附属動物医療センター／
　　　　　　　西原動物病院

金井　浩雄　　かない動物病院

三輪　恭嗣　　日本エキゾチック動物医療センター／
　　　　　　　東京大学附属動物医療センター／
　　　　　　　宮崎大学農学部附属動物病院

■ 執筆者

戸村　慎太郎　公益財団法人 日本小動物医療センター　　　　　（第1章）

高橋　洋介　　東京大学附属動物医療センター　　　　　　　　（第2章）

岩田　泰介　　公益財団法人 日本小動物医療センター　　　　　（第3章）

橋本　裕子　　東京大学附属動物医療センター　　　　　　　　（第4章、第5章、Column 3）

金井　浩雄　　上掲　　　　　　　　　　　　　　　　　　　　（第6章）

西村　政晃　　日本エキゾチック動物医療センター　　　　　　（第7章）

※藤田　淳　　上掲　　　　　　　　　　　　　　　　　　　　（Column 1、2）

目　次

序　文 ……………………………………………………………………………… 3
監修者・執筆者一覧 ……………………………………………………………… 5
本書の使い方 ……………………………………………………………………… 10

第1章　総　論

はじめに …………………………………………………………………………… 12
実施時期 …………………………………………………………………………… 12
関連疾患など ……………………………………………………………………… 12
一般的な術前検査 ………………………………………………………………… 13
麻酔・疼痛管理 …………………………………………………………………… 16
SSIの発生と予防的対応 ………………………………………………………… 18
ハルステッドの手術原則 ………………………………………………………… 22
外科解剖 …………………………………………………………………………… 23
おわりに …………………………………………………………………………… 27

第2章　犬の去勢手術（開放式）

はじめに …………………………………………………………………………… 32
術前準備 …………………………………………………………………………… 32
術式：陰嚢前切開 ………………………………………………………………… 35

Column

　　1　血管を結紮する縫合糸の太さ ………………………………………… 39

陰嚢切開での精巣摘出術 ………………………………………………………… 42
術後管理・傷の評価 ……………………………………………………………… 42
合併症とその対応 ………………………………………………………………… 43
飼い主へのインフォーム・注意点 ……………………………………………… 43
おわりに …………………………………………………………………………… 44

第3章　猫の去勢手術（開放式）

はじめに …………………………………………………………………………… 48
手術を行う前に …………………………………………………………………… 48

術前準備 ……………………………………………………………………… 48
術　式 ………………………………………………………………………… 52

Column

2　猫の去勢では、なぜ皮膚を縫わない!? ……………………………… 59

縫合糸を使わない結紮法 ……………………………………………………… 60
術後管理 ……………………………………………………………………… 63
合併症とその対応 …………………………………………………………… 63
飼い主へのインフォーム …………………………………………………… 65
おわりに ……………………………………………………………………… 66

第4章　精巣の奇形

はじめに ……………………………………………………………………… 68
精巣の奇形の定義 …………………………………………………………… 68
病態生理、予後 ……………………………………………………………… 68
診　断 ………………………………………………………………………… 70
治　療 ………………………………………………………………………… 72
術前準備 ……………………………………………………………………… 72
術式（犬） …………………………………………………………………… 73
術後管理・評価 ……………………………………………………………… 79
合併症 ………………………………………………………………………… 79
飼い主へのインフォーム・注意点 ………………………………………… 79
おわりに ……………………………………………………………………… 79

第5章　精巣腫瘍

はじめに ……………………………………………………………………… 82
精巣腫瘍の定義 ……………………………………………………………… 82
疫学・予後 …………………………………………………………………… 82
鑑別診断 ……………………………………………………………………… 83

Column

3　高エストロゲン血症 ……………………………………………………… 84

外科的治療 …………………………………………………………………… 86

術式：精巣摘出術（陰嚢との一括切除） ………………………………… 88

術後管理 ……………………………………………………………………… 91

合併症 ………………………………………………………………………… 91

補助療法 ……………………………………………………………………… 91

飼い主へのインフォーム …………………………………………………… 91

猫の精巣腫瘍 ………………………………………………………………… 91

おわりに ……………………………………………………………………… 92

第6章　犬と猫の腹腔鏡下潜在精巣摘出術

はじめに ……………………………………………………………………… 96

腹腔鏡手術の概要 …………………………………………………………… 96

外科解剖、発生学 …………………………………………………………… 98

使用する機材と術前の準備 ………………………………………………… 99

術前の準備 …………………………………………………………………… 104

周術期管理 …………………………………………………………………… 105

セッティングの基本的な考え方 …………………………………………… 106

配置の基本 …………………………………………………………………… 106

犬の腹腔鏡下潜在精巣摘出術：トロッカーの設置 ……………………… 108

犬の腹腔鏡下腹腔内潜在精巣摘出術：腹腔内での操作 ………………… 113

犬の腹腔鏡下腹腔内潜在精巣摘出術：精巣の体外への取り出し〜閉創 … 117

症例：犬の腹腔鏡下鼡径部潜在精巣摘出術：腹腔内での操作 ………… 121

術後管理 ……………………………………………………………………… 123

合併症とその対応 …………………………………………………………… 123

腹腔鏡手術の練習法 ………………………………………………………… 124

おわりに ……………………………………………………………………… 125

第7章　エキゾチックアニマルの去勢手術

1. ウサギの去勢手術

はじめに ……………………………………………………………………… 128

手術の目的 …………………………………………………………………… 128

実施時期 ……………………………………………………………………… 128

手術のデメリット …………………………………………………………… 128

生殖器の解剖 ………………………………………………………………… 130

術前検査 ……………………………………………………………………… 132

手術手技の選択 ································· 133
術前準備 ····································· 134
術式（開放式、陰嚢前切開法） ················ 140
術後管理 ····································· 150
合併症 ······································· 150
おわりに ····································· 151

2. フクロモモンガの去勢手術

はじめに ····································· 154
実施時期・手術方法 ··························· 154
生殖器の解剖生理 ····························· 154
術前検査 ····································· 154
術前準備 ····································· 154
周術期管理 ··································· 156
保　定 ······································· 157
術式（陰嚢切除術） ··························· 158
術後管理 ····································· 160
おわりに ····································· 160

3. その他のエキゾチックアニマルの去勢手術

はじめに ····································· 160
手術適応の動物種と目的 ······················· 160
準備・術式の概略 ····························· 160
術後管理 ····································· 160
おわりに ····································· 160

索　引 ··· 170
監修者プロフィール／執筆者プロフィール ········· 174

本書の使い方

- 本書は、公益社団法人 日本獣医学会の「疾患名用語集」にもとづき疾患名を表記していますが、一部そうでない場合もあります。

- 臨床の現場で使用される用語の表現については基本的に執筆者の原稿を活かしています。

- 本書に記載されている薬品・器具・機材の使用にあたっては、添付文書（能書）や商品説明書をご確認ください。

【動画について】

- ● 動画でわかる マークのついている図版は、動画と連動しています。URLを打ち込んでいただくか、QRコードを読みとっていただき、動画をご視聴ください。

第1章

総　論

総　論

はじめに

犬・猫の去勢手術（精巣摘出術）は、一次診療施設で最も一般的に実施される手術の一つである。外科手術の基本と称しても過言ではないものの、手術手技の簡便さゆえに、新人への教育はしばしば伝聞的になりやすい。本稿では、実際に手術を実施するにあたって必要と思われる基礎知識について解説する。

実施時期

一般的には、犬・猫ともに6カ月～1歳齢までの間に実施することが多いのではないかと思われる。成書にも1歳齢未満での実施が望ましいと記載されている[1]。また、米国では繁殖予防として、6～9カ月齢での性腺摘出術が推奨されているものの[2]、この期間が最適だとするエビデンスはほとんどない。米国獣医師会を含む複数の協会は、8～16週齢での実施を承認しており、複数の研究から短期的・長期的なリスクはほとんどないことが示唆されている[3-5]。

犬

ところが近年、一部の犬種において性腺摘出術のタイミングによっては関節疾患や腫瘍性疾患のリスクが高まるという報告が出てきた[6-8]。さらに2020年には、35犬種における去勢手術のタイミングについてのガイドラインが発表されている[9]。ただし、こういった研究報告は高度獣医療施設からのデータをベースにしているため、一般的な犬種分布を反映していない可能性があることに留意しておく。

現状としては、犬の去勢手術のタイミングは、それぞれ個別に判断することが妥当とされている。最近のアップデートを図1-1にまとめた。

猫

未去勢雄と比較して去勢雄では橈骨遠位の成長板閉鎖遅延[11]や体重増加[12]がみられるとされているが、去勢手術の実施時期による差はみられない。また、早期の去勢手術による尿道径や尿道内圧への影響はなく[13,14]、その後の尿路感染の発生率はむしろ低いと

いわれている[15]。

関連疾患など

直接的には、去勢手術は望まれない妊娠の予防のほか、精巣腫瘍などの各種精巣疾患に対する予防または治療となる。精巣疾患の各論については次章以降をご参照いただきたい。一方、間接的には、肛門周囲腺腫、前立腺過形成を含めた前立腺疾患、会陰ヘルニアや性ホルモン関連性脱毛に対する予防または治療となる。このほか、糖尿病やてんかんなどの全身性疾患の管理や問題行動の矯正を目的とすることもある[1]。

肛門周囲腺腫

犬の肛門周囲腫瘍のうち最も発生頻度が高い。アンドロゲン依存性であり、通常は去勢手術の後に縮小する[16]。

腫瘍が小型で潰瘍を伴わない場合は、去勢手術のみ行う。一方、腫瘍が大型またはびまん性の場合は、いきなり腫瘍を広範囲に切除するよりも、去勢手術後に腫瘍のサイズを観察してから、切除の必要性を再度検討する方が望ましい。ただし、腫瘍が再発性の場合や潰瘍を伴う場合は、去勢手術と合わせて辺縁部で腫瘍を切除する。再発はまれで、切除によって90％以上が治癒的となる[17,18]。

前立腺過形成

アンドロゲンによって前立腺細胞が増加した良性の犬の前立腺腫大を指す。一般的な臨床徴候はしぶりや血尿で、尿道内出血が認められることもある[1]。去勢手術によって前立腺の急速な退縮が生じ、数日以内に臨床徴候が解消する。臨床徴候が術後2週間以上持続する場合には、再評価が必要となる。また、前立腺過形成の症例では、前立腺実質内に複数の嚢胞形成が認められることがしばしばあり、前立腺炎、前立腺腫瘍発症との関連が示唆されている[19]。一方、多くの前立腺腫瘍はアンドロゲン非依存性であり、去勢手術によってリスクは低下しない[20]。

生後6カ月齢以降	生後11カ月齢以降
イングリッシュ・スプリンガー・スパニエル ウエスト・ハイランド・ホワイト・テリア ウェルシュ・コーギー オーストラリアン・キャトル・ドッグ オーストラリアン・シェパード キャバリア・キング・チャールズ・スパニエル グレート・デーン コッカー・スパニエル コリー シー・ズー シェットランド・シープドッグ シベリアン・ハスキー ジャック・ラッセル・テリア セント・バーナード ダックスフンド チワワ トイ・プードル パグ ブルドッグ ポメラニアン マルチーズ ミニチュア・シュナウザー ヨークシャー・テリア ラブラドール・レトリーバー ローデシアン・リッジバック 体重20 kg未満の雑種犬	ゴールデン・レトリーバー ジャーマン・ショートヘアード・ポインター ニューファンドランド ビーグル ボーダー・コリー ボストン・テリア マスティフ ミニチュア・プードル ロットワイラー 体重20 kg以上40 kg未満の雑種犬

生後23カ月齢以降

アイリッシュ・ウルフハウンド
ジャーマン・シェパード・ドッグ
スタンダード・プードル
バーニーズ・マウンテン・ドッグ
ボクサー
体重40 kg以上の大型犬

手術しない

ドーベルマン・ピンシャー（ドーベルマン）

図1-1 去勢手術のタイミング（文献10より引用、改変）

去勢手術が関節疾患や腫瘍性疾患の発生に、どのような影響を与えるのかという観点からの分類である。雄のドーベルマン・ピンシャーについては、どの時期に実施しても腫瘍性疾患の発生リスクが上がってしまうため、去勢手術を行わないことを推奨している。

会陰ヘルニア

高齢の未去勢雄犬での発生が一般的で、過去の報告では全体の83〜93%を占めていた[21,22]。ベースとなる病態はまだ不明で、多因子性とされているものの、未去勢雄での発生に偏っていること、ヘルニア整復時に去勢手術を併用すると再発率を低減できていること[21]から、アンドロゲンの関与が発生因子の一つとして考えられている[23]。

問題行動

犬

去勢手術の攻撃性への影響については、現在も議論の分かれるところである[24]。去勢手術によって、徘徊やマーキング、マウンティングなどは改善したものの、恐怖心や攻撃性への影響はなかったとする報告や[25]、徘徊やマーキングだけでなく、攻撃性も解消したとする報告もある[26]。なお、1歳齢までに去勢手術を実施

するのであれば、通常、こういった問題行動については、習慣化されないと考えられている[1]。

猫

けんか、徘徊やスプレー行動などの解消率は87〜94%であったと報告されている[27]。

一般的な術前検査

術前検査の内容は、診療施設ごとに異なるものと思われる。基本的には、麻酔をかけるうえで問題となる疾患がないか、手術の際にトラブルとなる疾患がないか、去勢手術よりも治療を優先すべき疾患がないか、の3点を考えながら進めるとよい。若齢では奇形性疾患、中齢以上では変性性疾患や代謝性疾患、腫瘍性疾患を見落とさないようにしたい。

表1-1　ASA-PS分類 (文献28より引用、改変)

クラス	動物の状態	例
I	健康で識別可能な疾患なし	待機的手術を受ける症例（卵巣子宮摘出術、精巣摘出術、抜爪術）
II	健康で局所的な疾患のみ　または　軽度の全身性疾患あり	膝蓋骨脱臼や皮膚腫瘍、誤嚥性肺炎を伴わない口蓋裂あり
III	重度の全身性疾患あり	発熱、脱水、心雑音、肺炎や貧血あり
IV	生命を脅かす重度の全身性疾患あり	各種臓器不全（心臓、腎臓、肝臓）、重度の出血や循環血液量減少症あり
V	手術実施にかかわらず、24時間以上の生存が期待できない（いわゆる瀕死状態）	多臓器不全、ショック、重度の外傷あり

※1　緊急手術では全身状態の分類の後に"E"をつける。
※2　ASA-PS：American society of anesthesiologists-physical status。米国麻酔学会（ASA）の提唱する症例の麻酔前評価法である。ASA-PSクラスIII以上では、麻酔処置による偶発症ならびに死亡症の発生率が有意に高くなる。

問診・身体検査

問診により主訴や現病歴、既往歴、臨床徴候を飼い主から聴取する。生活環境や食事内容、ワクチンなどの予防歴、繁殖歴なども詳細に聞いておくとよい。ただし、緊急時にはこの限りではなく、手短に主訴および現病歴を把握する必要がある。

身体検査は視診、触診および聴診にて網羅的に行い、なるべく系統的にすべての器官について評価するように心がける。また、体の状態や行動、精神状態といった全身状態を評価することも忘れないようにしたい。外傷がある、または疑わしい犬・猫に対しては、呼吸器、循環器、消化器、泌尿器の評価に加え、神経学的検査および整形外科学的検査を追加で実施する。身体検査では、口蓋裂や乳歯遺残の有無なども確認する。

麻酔前の全身状態の評価は、周術期に呼吸器および循環器に関する急変の可能性を予測する指標となる（表1-1）。全身状態が悪いほど、周術期の合併症率は高くなる[28]。

若齢動物の場合

精巣の位置を触診にて必ず確認する。陰嚢内に触知できない場合は、鼠径部皮下または腹腔内に存在する可能性を考える。精巣下降が片側の場合は、陰嚢前部まで押し出し、左右を確認してから、対側の陰嚢前部から鼠径管にかけての領域を注意深く触診する。ただし、萎縮した精巣や腹腔内精巣の触診は、通常は困難である[29]。両側とも精巣下降がみられない場合、左右で同じレベルに位置するとは限らないといわれている[30]。また、精巣が未成熟の場合、恐怖心や緊張、寒冷環境に反応し、精巣挙筋が収縮することで、陰嚢から引っ込んでしまうこともあるので注意する[31]。

Tips

潜在精巣（停留精巣、陰睾）は臨床現場で比較的遭遇しやすく、犬での発生率が1.2〜12.9%[32-37]、猫での発生率が1.3〜3.8%[30,36,38]と報告されている。ビーグルや雑種犬における精巣下降のタイミングは生後30〜40日といわれており[39,40]、2カ月齢の時点でみられない場合には停留／潜在精巣と判断される[1]。ただし、犬種によっては精巣下降が遅延するという逸話をもとに、6カ月齢まで判断できないとする成書もある[29]。一方、小動物では精巣欠損症（Anorchism/Monorchism）はまれであり、猫での発生率は0.1〜2%と報告されている[30,38]。

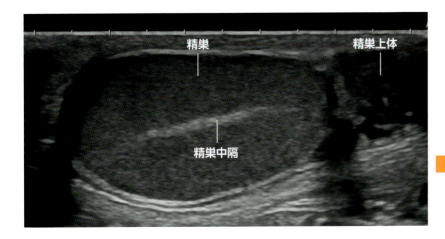

図1-2 犬の正常な精巣の超音波画像
ヨークシャー・テリア、9歳齢、未去勢雄。日本小動物医療センター 画像診断科 河口貴恵先生のご厚意による。

中齢以上の動物の場合

　陰囊および精巣を触診し、サイズや対称性、硬さ、腫瘤、疼痛反応の有無などを確認する。精巣が非対称性に硬結し腫大している場合は、精巣腫瘍の可能性がある。触診時に疼痛を示す場合は、精巣炎・精巣上体炎の可能性を考える。また、多くはないが、鼠径部皮下または陰囊内の精巣が捻転することもある[41]。さらには、直腸検査にて前立腺を触診し、サイズや対称性、辺縁や実質の質感、疼痛反応の有無を確認する。会陰ヘルニアの犬の25〜59％で前立腺疾患の併発があるといわれているため[42-48]、前立腺疾患が疑わしい際は、あわせて会陰ヘルニアの有無を確認しておく。

　この他、脱毛や色素沈着、乳腺腫大などの雌性化は、精巣腫瘍（とくにセルトリ細胞腫）に伴う高エストロゲン血症によってみられることがある。

血液検査・尿検査

　通常はスクリーニングを目的に実施される。待機的手術を予定している若齢の健康な犬・猫では、ヘマトクリット値、総タンパク濃度、血中尿素窒素、または可能であれば血清クレアチニン濃度、そして尿比重の測定で十分とされている。一方、5〜7歳齢以上の場合、全身的な臨床徴候を示している場合や手術に1〜2時間以上要すると予測される場合は、CBC、血液化学検査および尿検査を実施する[28]。

　血液凝固系検査は、可能であれば追加する。精巣腫瘍に伴う高エストロゲン血症によって骨髄抑制が生じ、汎血球減少症が認められることがある[49]。このような症例では活性化凝固時間（ACT）や頬粘膜出血時間（BMBT）の測定をすべきとされている[50]。ただし、骨髄抑制が生じた場合の予後は不良とされており、周術期の管理には注意が必要である[49-52]。

X線検査・超音波検査

　こちらも通常はスクリーニングを目的に、時に腫瘍性疾患のステージングを目的に実施される。こうした画像検査は、犬・猫の臨床徴候や基礎疾患、疑われる併発疾患に応じて組み合わせるべきである。たとえば、心臓疾患をもつ犬・猫では胸部X線検査や心臓超音波検査による心機能の評価が、腫瘍性疾患の症例では胸部X線検査や腹部超音波検査による転移の評価が、それぞれ必要である[28]。胸部X線検査では、心臓や肺の評価に加え、漏斗胸、先天性腹膜横隔膜ヘルニア、食道裂孔ヘルニアの有無なども確認する。

　セルトリ細胞腫の転移率は2.1〜10％で、領域リンパ節のほか、肝臓、脾臓、腎臓、膵臓や肺へ転移すると知られている[53-56]。セミノーマやライディッヒ細胞腫（まれではあるが）でも肺への転移が認められることがあるため[53,54,56]、胸部X線検査時には3方向から撮影し、見落としを減らすようにしたい。

　超音波検査は、潜在精巣の位置、腫瘍や捻転の有無の確認に有用である。正常な精巣実質は粗いが均一で、中隔が一筋の高エコー性の構造物として認められる。精巣上体は、実質よりも無〜低エコー性を示す[1]（図1-2）。精巣腫瘍が疑われる場合は、内側腸骨リンパ節や腰大動脈リンパ節などの所属リンパ節[57]の評価も可能である。

特殊検査

　身体検査や超音波検査で精巣の位置が確認できない場合は、CT検査やMRI検査を実施することもある。ヒト絨毛性ゴナドトロピン投与後のテストステロン濃度の測定が、精巣の存在確認に有用といわれている[58]。

> **前投与（落ち着きがない症例に対して）**
>
> ・ベンゾジアゼピン系薬剤として、
> ジアゼパム（0.2 mg/kg IV）、またはミダゾラム（0.2 mg/kg IV or IM）を投与
>
> ・オピオイドとして、
> ヒドロモルフォン（犬：0.05〜0.2 mg/kg IV or IM、猫：0.05〜0.1 mg/kg IV or IM）、
> またはモルヒネ（0.1〜0.2 mg/kg IV or 0.2〜0.4 mg/kg IM）、
> またはオキシモルフォン（0.1〜0.2 mg/kg IV or IM）を投与
> 中等度の痛みが予想される場合は、ブプレノルフィン（5〜20 μg/kg IV or IM）を投与

> **導入**
>
> ・前投与されている場合は、
> プロポフォール（2〜4 mg/kg IV）、
> またはケタミン（5 mg/kg IV、上記の量でジアゼパムかミダゾラムを併用）、
> またはアルファキサロン（2〜3 mg/kg IV）を投与
>
> ・前投与されていない場合は、
> プロポフォール（4〜8 mg/kg IV）、
> またはアルファキサロン（2〜5 mg/kg IV）、
> またはケタミン（5.5 mg/kg IV）およびジアゼパム（0.28 mg/kg IV）の組み合わせ、
> またはデクスメデトミジン（33 μg/kg IM）、ブトルファノール（0.66 mg/kg IM）およびケタミン（6.6 mg/kg IM）
> の組み合わせ※を投与
> ※最後の組み合わせをIVで投与する場合は、用量を半減させる

> **維持**
>
> ・吸入麻酔薬として、イソフルランまたはセボフルランを使用

図 1-3　去勢手術における麻酔の一般的なプロトコル（文献1より引用、改変）
健康な犬・猫（年齢設定なし）に対しての用量である。とくに記述がないものについては、犬・猫の用量は同量である。
IM：筋肉内投与、IV：静脈内投与

麻酔・疼痛管理

　健康な動物に対する待機的手術に対しては、数多くの麻酔鎮痛プロトコルが存在する。一方、各種精巣疾患に対する去勢手術の際には、動物の年齢、全身状態および併発疾患などを踏まえ、症例ごとにプロトコルを検討すべきである。

　ここでは、麻酔鎮痛に関する一般的な事項を記載する。詳細については、成書を参照していただきたい。

麻酔管理

　待機的手術に対しては一般的に、ベンゾジアゼピン系薬剤または各種オピオイドを前投与し、プロポフォールまたはアルファキサロンを用いて麻酔導入す

る。麻酔維持には、イソフルランやセボフルランなどの吸入麻酔薬を使用する（図1-3）。

　麻酔中のモニター項目としては、心拍数や呼吸数、体温、血圧、心電波形、SpO_2、$EtCO_2$などが挙げられる[1]（図1-4）。

若齢動物の場合

生理学的注意事項

　16週齢未満の症例でも去勢手術の実施自体は問題ないとされる[1]。ただし、成犬または成猫と比べて代謝的に異なることに十分留意する。

　まず、循環器系については、成犬・成猫に比べて若齢動物は心筋機能が未熟なため、1回拍出量を大きく増やせない。そのため、心拍出量は心拍数に依存して

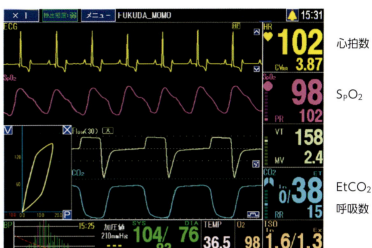

図 1-4　麻酔モニター
動物用生体情報モニタ「AM140 Type2」
画像提供：フクダ エム・イー工業

しまう。また、交感神経も未熟であることから、若齢動物は徐脈に伴う低血圧を示しやすい。加えて、循環血液量の総量の上限も低く、長期の水分制限は容易に脱水を引き起こす。

呼吸器系については、成犬または成猫と比べて若齢動物は肺活量が少ないにもかかわらず、代謝率が高く酸素要求量が多い。

薬物代謝の面では、若齢動物では体重あたりに占める水分量が多く、薬物分布容積が大きくなる。未熟な肝代謝や腎代謝、低アルブミン血症も相まって、若齢動物は麻酔薬に対する感受性が高く、作用がより顕著かつ持続的になる恐れがある。とくに6週齢未満の症例では、血液脳関門の透過性が高く、このような傾向がより強調される。このほか若齢動物には、低血糖症や低体温症、貧血のリスクがつきまとうため、予防的対応が必要である[1]。

麻酔前の絶食時間については、成犬・成猫なら最短6時間とするのが一般的であるが[59]、若齢動物では、低血糖と誤嚥のリスクを吟味したうえで、個々に絶食時間を減らすとよい。例えば、6週齢までは絶食なし、12週齢までなら3〜4時間とする[60]。また、体重が2 kg以下の場合には1〜2時間以上の絶食をさせないようにする[59]。

薬理学的注意事項

16週齢未満の症例に対しては、アセプロマジンとNSAIDsの投与を避ける。

アセプロマジンの副作用としては血圧低下や循環虚脱などがあり[61]、循環機能が未発達な若齢動物への投与は避けるのが望ましいと考えられる。NSAIDsについては、肝臓、心臓、腎臓の機能に障害がある症例や、出血性疾患をもつ症例への投与は注意が必要である。またNSAIDsは、4カ月齢未満の猫に対しては安全に使用できるかどうかが確かめられていない[62]。

α_2アドレナリン受容体作動薬（メデトミジン、デクスメデトミジン）は12週齢以上の犬への使用が承認されているが、若齢動物に対しては、低用量での使用を検討する[1]。

ベンゾジアゼピン系薬剤については、ジアゼパムは血中主要代謝物（メチルジアゼパム）も活性をもち作用時間が長くなることを考慮する[1]と、より作用時間の短いミダゾラムの方が前投与としてよい選択となる。ケタミンも使用可能ではあるものの、脂溶性であるため薬物分布容積が増大することを考慮し、低用量での使用が適切と思われる。

プロポフォールやアルファキサロン、セボフルランやイソフルランは、若齢動物に対しても安全性が高い麻酔導入・維持薬である。

オピオイドは効果を得るために漸増する必要があるが、通常は低用量で十分な鎮痛が得られる。なかでもブプレノルフィンは作用時間が長く、副作用が少ないため、よい選択になると思われる[1]。

若齢症例では未熟な交感神経系に対応するために、アトロピンやグリコピロレートなどの抗コリン薬は前投与しておくか、手術室で徐脈を伴う低血圧になった際に投与できるように忘れずに準備しておく[1]。

疼痛管理

基本的には、各種手術や疾患の病態に即した疼痛レベルに対応すべきである。2014年のガイドラインでは、疼痛レベルがカテゴライズされている（図1-5）。また、このガイドラインには一般的な鎮痛プロトコルのほか、使用できる鎮痛薬の選択肢が少ない場合の方法の記載もあり、診療施設や臨床現場に即したプロトコルの参考にしやすい[64]。

術中鎮痛薬

各種オピオイド、α_2アドレナリン受容体作動薬やケタミンを適宜投与する[1]（図1-6）。

局所麻酔薬

ガイドライン内で、精巣内ブロック時の各種局所麻酔薬の投与量は、1精巣あたり猫では0.2〜0.3 mL、犬では0.5〜1.0 mLとして紹介されている。ただし、局所麻酔薬ごとに中毒量が異なるため、最大投与量を超えないように留意しなければならない[64]（表1-2）。猫では精巣内および皮下へのリドカインの投与[65]、犬ではリドカインまたはブピバカインの精巣内への投与[66,67]が有効とされている。麻酔導入時にリドカインスプレーを喉頭に噴霧する場合は、過量投与にならないように注意したい。8％のタイプでは、1回の噴霧量は0.1 mL（リドカインとして8 mg）である。猫に使用する際には、スプレー単独でも2〜4 mg/kg程度となってしまうため注意が必要である。また、中毒を疑った場合には、すみやかに脂肪乳剤（イントラリピドなど）を投与し、心停止の際は、救急救命処置を行う。

術後鎮痛薬

各種オピオイドやケタミンの投与に加え、犬では各種NSAIDs、猫ではメロキシカムやブプレノルフィンの投与を検討する[1]（図1-6）。こういった術後鎮痛が必要な期間は最長で、犬は術後5日間、猫は術後3日間とされる[64]。

SSIの発生と予防的対応

健康な動物に対する待機的去勢手術は短期間の清潔手術であり、通常、周術期の抗菌薬使用の必要はないとされる[1]。とはいいながらも実際のところは、慣習的に使用している施設も少なくないのではないかと思

軽度〜中等度

歯牙疾患／体表の裂傷／胸腔ドレーン設置
精巣摘出術／耳炎／軽度の膀胱炎／膿瘍穿刺

中等度

軽度の軟部組織損傷／卵巣子宮全摘出術
診断的関節鏡検査および腹腔鏡検査
尿道閉塞／膀胱炎／変形性関節炎

中等度〜重度

免疫介在性関節疾患／臓器腫大による被膜痛
外傷性横隔膜破裂／尿管・尿道・胆管の閉塞
緑内障／ブドウ膜炎
軟部組織損傷・炎症・疾患の初期または消退期
腸間膜・胃・精巣の捻転、他臓器の捻転
粘膜炎／乳腺炎／腫瘍の広範囲切除術および再建術
矯正的整形外科手術／汎骨炎／管腔臓器の拡張
胸膜炎／凍傷／角膜剥離・潰瘍／椎間板疾患
敗血症性腹膜炎／口腔内腫瘍／異常分娩

重度〜最大

中枢神経系の梗塞または腫瘍
広範な軟部組織損傷のある骨折の整復術／耳道切除術
関節骨折または病的骨折
壊死性膵炎または壊死性胆嚢炎
骨腫瘍／大動脈血栓塞栓症／神経原性疼痛
炎症（広汎性）／髄膜炎／脊髄手術／火傷／断脚術
血栓塞栓症または虚血／肥大性骨異栄養症

図1-5 疼痛レベル（文献63より引用、改変）
疼痛は症例および全身状態によって変化するため、個別に評価するべきである。

われる。本項では、手術部位感染症（Surgical site infection：SSI）の発生とその予防的対応について以下にまとめた。

SSI

周術期のおもな合併症の一つであり、その病態生理は極めて複雑である。成書には、その複数の構成要素を公式的に示したものがある[68]（図1-7）。単純化しすぎている傾向もあるが、周術期の抗菌薬使用については、あくまでSSIの構成要素の一つ、つまり介入点の一つでしかないことがわかる。

> **術中鎮痛薬**

- オピオイドとして、
  フェンタニル（犬：2〜10 μg/kg IV、猫：1〜4 μg/kg IV）を短時間の疼痛緩和に、
  その後ヒドロモルフォン（犬：0.05〜0.2 mg/kg IV、猫：0.05〜0.1 mg/kg IV）、
  またはオキシモルフォン（0.1〜0.2 mg/kg IV or IM）、
  またはモルヒネ（犬：0.1〜1 mg/kg IV、猫：0.05〜0.2 mg/kg IM）、
  またはブプレノルフィン（5〜20 μg/kg IV）を投与
- α_2アドレナリン受容体作動薬として、
  デクスメデトミジン（1〜2 μg/kg IV）、またはメデトミジン（0.5〜1 μg/kg IV）を投与
- 上記の薬剤に追加して、
  ケタミン（0.5〜1 mg/kg IVまたは0.5 mg/kg IV後に10 μg/kg/分 CRI）を投与

> **術後鎮痛薬**

- オピオイドとして、
  フェンタニル（1〜10 μg/kg IV後に2〜20 μg/kg/時 CRI）、
  またはヒドロモルフォン（犬：0.025〜0.1 mg/kg/時 CRIまたは3〜4時間ごとに0.1〜0.2 mg/kg IV or IM、猫：3〜4時間ごとに0.05〜0.1 mg/kg IV or IM）、
  またはモルヒネ（犬：1〜4時間ごとに0.1〜1 mg/kg IVまたは0.1〜2 mg/kg IM、猫：1〜4時間ごとに0.05〜0.2 mg/kg IVまたは0.1〜0.5 mg/kg IM）、
  またはオキシモルフォン（0.1〜0.2 mg/kg IV or IM）、
  またはブプレノルフィン（4〜8時間ごとに5〜20 μg/kg IV、IM、SC）を投与
- 上記の薬剤に追加して、
  ケタミン（2 μg/kg/分 CRI、ローディングされていなければ0.5 mg/kg IV後にCRI開始）を投与
- さらにNSAIDsとして、
  カルプロフェン（犬のみ：12時間ごとに2.2 mg/kg PO）
  またはデラコキシブ（犬のみ：24時間ごとに3〜4 mg/kg PO、7日間まで）
  またはメロキシカム（犬：0.1〜0.2 mg/kg SC or PO後、24時間ごとに0.1 mg/kg PO、猫：0.15 mg/kg SC、0.3 mg/kgまで増量可能）を投与
- このほか猫では、
  ブプレノルフィン（6〜12時間ごとに10〜20 μg/kg）を経口腔粘膜投与

図1-6　周術期の鎮痛薬（文献1より引用、改変）
健康な犬・猫（年齢設定なし）に対しての用量である。とくに記述がないものについては、犬・猫の用量は同量である。
CRI：持続定量点滴、IM：筋肉内投与、IV：静脈内投与、PO：経口投与、SC：皮下投与

表1-2　局所麻酔薬（文献64より引用、改変）

局所麻酔薬	効果発現時間	効果持続時間	最大用量
リドカイン	5〜10分	90〜200分	犬：8 mg/kg　猫：6 mg/kg*
ブピバカイン	10〜20分	180〜600分	犬：2 mg/kg　猫：1.5 mg/kg
ロピバカイン	15〜20分	90〜360分	犬：3 mg/kg　猫：1.5 mg/kg

*多くの「記事」で一般には2〜4 mg/kg、精巣内投与の論文[65]では2 mg/kgとしていることに留意。

図1-7　SSIリスクの構成要素を示す公式（概念的）（文献68より引用、改変）
分母の因子があるとリスクは低下し、分子の因子があるほどリスクが上昇する。

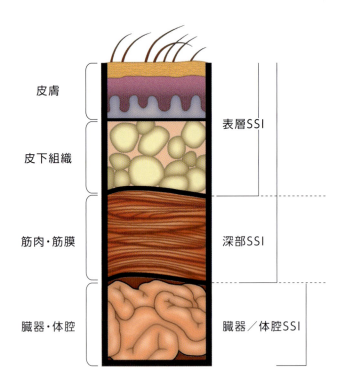

図1-8 SSI（文献72より引用、改変）
皮膚から皮下組織までに限局したものを表層SSI、皮下組織を越えて筋肉や筋膜まで拡がったものを深部SSI、さらに筋肉や筋膜を越えたものを臓器／体腔SSIとして分類している。

定義と分類

SSIの診断は、時に難しい。術後の非感染性炎症は、予想される正常な治癒過程の一環であり、感染性炎症と区別することは、早期の治療介入、不必要な治療の削減のためにも重要である[68]。人医療におけるSSIのガイドライン[69,70]を、獣医療にも外挿して使用するとよい。2023年時点で、疾病対策予防センター（CDC）のホームページではチェックリストが公開されている[71]。ただし、細菌培養検査で陰性であってもSSIとみなす場合があること、細菌が検出されたとしてもSSIとしない場合があること、のそれぞれに留意したい。CDCのチェックリストに基づく分類を以下に記す。

表層SSI（図1-8）

期間：術後30日以内に発生
部位：皮膚から皮下組織に限局
手術部位：①～④のうち1つ以上の項目を満たす
　①膿性排液が認められる場合
　②無菌的に採取されたサンプルから細菌が検出された場合
　③外科医や主治医などが意図的に再切開した場合、かつ、細菌を検出する検査が実施されており、かつ、炎症徴候（熱感、発赤、疼痛や圧痛、腫脹）の少なくとも1つが認められる場合
　④外科医などが表層SSIと診断した場合

深部SSI（図1-8）

期間：術後30日または90日以内に発生
部位：筋膜や筋層へ波及
手術部位：①～③のうち1つ以上の項目を満たす
　①膿性排液が認められる場合
　②創部が自然に離開した場合や外科医などが意図的に再切開または吸引した場合、かつ、すでに細菌が検出された場合、または、細菌を検出する検査が実施されていない場合（細菌が検出されなかった場合は、この項目を満たしていないものとする）、かつ、炎症徴候（発熱、局所の疼痛や圧痛）の少なくとも1つが認められる場合
　③膿瘍やほかの感染の証拠が、肉眼的評価、病理組織学的検査、画像検査で検出される場合

臓器／体腔SSI（図1-8）

期間：術後30日または90日以内に発生
部位：筋膜や筋層よりも深部で、手術時に開放し操作した部位
手術部位：臓器／体腔であるうえ、①～③の1つ以上の項目を満たす
　①設置したドレーンから膿性排液が認められる場合
　②無菌的に採取されたサンプルから細菌が検出された場合
　③膿瘍やほかの感染の証拠が、肉眼的評価、病理組織学的検査、画像検査で検出される場合

表1-3　手術創の衛生度ごとにまとめた犬と猫のSSI発生率 (文献72より引用、改変)

分類	定義	術式	感染率
class I 清潔	・非外傷性、非炎症性の手術創 ※呼吸器、消化器、泌尿生殖器および 　口腔咽頭部は含まれない	試験開腹 待機的な去勢／避妊手術 股関節全置換術 動脈管結紮術	2.0～4.9％ 2.6％（TTA） 3.5％（待機的関節手術） 10％（THR） 13％（TPLO）
class II 準清潔	・呼吸器、消化器、泌尿生殖器の手術創 ※特別な汚染なく管理されているものに限る ・ドレーンが設置された清潔な手術創	気管支鏡 胆嚢摘出術 小腸切除術 腸切開術 腎臓移植	3.5～4.5％ 26％（腎臓移植）
class III 汚染	・開放された新鮮で偶発的な創部 ・消化管内容物や感染尿の漏出や、無菌操作の 　破綻がある手術	胆汁が漏れた胆嚢摘出術 胆道迂回術 開胸心臓マッサージ 感染尿が漏れた膀胱切開術 裂傷	4.6～9.1％
class IV 不潔	・化膿性分泌物を伴う新鮮でない外傷 ・不活化組織や異物のある創部 ・臓器の穿孔や糞便の漏出がある手術	膿瘍の切除／ドレナージ 腹膜炎 消化管穿孔 壊死性胆嚢炎による胆嚢破裂 中耳炎に対する鼓室胞切開	6.7～17.8％

手術創を衛生度に応じて分類すると、感染率に差があることがわかる。TTA（Tibial tuberosity advancement：脛骨粗面前進化術）、THR（Total hip replacement：股関節全置換術）、TPLO（Tibial plateau leveling osteotomy：脛骨高平部骨切り術）。

SSIの発生

獣医療におけるSSIの報告は、その診断方法に統一性がなく、研究同士を直接比較することはできないが、おおよそ人医療での発生率と変わらないといわれている[68]。手術創の衛生度ごとにSSIの発生率をまとめたものが（表1-3）である[72]。そのリスクファクターとして、手術または麻酔時間、手術部位の準備、閉創方法、予防的抗菌薬の投与、併発疾患の有無などが挙げられている[68]。

予防的抗菌薬の投与

周術期の抗菌薬の使用は、SSIのリスクを低減するために重要であり、人医療ではSurgical care improvement projectによって以下の3つの戦略が策定され推進されてきた[73]。

①手術部位に存在すると予測される病原体を基に選択すること

②切開時に最高血中濃度が得られるようなタイミングで投与すること

③術後24時間以内に予防的抗菌薬の投与を中止すること

獣医療では、このような明確なガイドラインはない。また、客観的なデータはないものの、周術期の抗菌薬使用については、汚染または不潔手術はもちろんのこと、一部の準清潔手術、インプラントの関与する手術、90分以上の清潔手術に対して推奨されている[74-76]。ただし、こういった抗菌薬使用は慎重な手術操作や無菌手術の原則厳守の代わりにはならないことに留意する。

SSIの原因菌

SSIのほとんどは、*Staphylococcus aureus*、*S. pseudintermedius*、大腸菌などの腸内細菌科、腸球菌属や緑膿菌などのシュードモナス属など、一部の日和見病原体によって引き起こされる。手術部位や術式によって原因となりうる菌に違いはあるが、おおむね予測可能と考えられている。去勢手術ではブドウ球菌が想定される。ブドウ球菌は広い常在性と高い耐性獲得能力から、SSIの原因菌になりやすい。犬では*S. pseudintermedius*が原因菌として最も一般的であり、メチシリン耐性の獲得が懸念されている[68]。

846頭の犬を対象にした前向き研究では、細菌培養・薬剤感受性検査で確認されたSSIの原因菌の内訳は、メチシリン耐性*S. pseudintermedius*（MRSP）が64％、メチシリン耐性*S. aureus*（MRSA）が21％、メチシリン感受性*S. pseudintermedius*が15％であり、周術期に使用した抗菌薬への感受性があったものは26％に留まった[77]。一方、別の研究では、SSIの原因菌として分離されたもののうち、*S. pseudintermedius*

表1-4 抗菌薬と犬における半減期 （文献70より引用、改変）

抗菌薬	分類	半減期（分）
セファゾリン	第一世代セファロスポリン	47
アンピシリン	ペニシリン	48
クリンダマイシン	リンコサミド	124〜195
セフォキシチン*	第二世代セファロスポリン	40〜60

*セフォキシチンは日本未発売である（2024年6月時点）。筆者らは、アンピシリンにクリンダマイシンまたはメトロニダゾールを併用している。セフメタゾールを使用する場合もあるが、腸球菌のカバー不足であることは把握しておきたい。

表1-5 各手術手技に関連するSSIの想定原因菌および推奨される抗菌薬 （文献70より引用、改変）

手術	原因菌	抗菌薬
皮膚再建手術	ブドウ球菌	セファゾリン
頭頸部手術	ブドウ球菌、レンサ球菌、嫌気性菌	セファゾリンまたはクリンダマイシン
待機的整形手術、非開放性骨折整復術	ブドウ球菌	セファゾリン
開放性骨折整復	ブドウ球菌、レンサ球菌、嫌気性菌	セファゾリンまたはクリンダマイシン ±アミノグリコシド またはフルオロキノロン**
胸部手術	ブドウ球菌	セファゾリン
腹部手術（消化器手術以外）	ブドウ球菌	セファゾリン
上部消化器手術	グラム陽性球菌、腸内グラム陰性桿菌	セファゾリン
胆道手術	クロストリジウム属、グラム陰性桿菌、嫌気性菌	セフォキシチン*
下部消化器手術	腸球菌、グラム陰性桿菌、嫌気性菌	セフォキシチン*
泌尿生殖器手術	ブドウ球菌、レンサ球菌、大腸菌、嫌気性菌	セファゾリンまたはアンピシリン

* 表1-4と同じ。
** *Streptococcus canis*の感染が想定される場合は、エンロフロキサシンの投与を避ける。

が最多で46％であったが、MRSPは全体の1％程度でMRSAは検出されなかったと報告されている。この結果を踏まえ、筆者らはSSIに対する経験的な抗菌薬使用は妥当であろうと結論づけている[78]。

予防的抗菌薬の選択

　成書では、血小板凝集、出血時間、血小板数、血小板のサイズ、PTやAPTTに対する悪影響のないセファゾリンの使用は、止血トラブルが生じうる周術期の犬への抗菌薬として適切だとされている。最初の切開の30〜60分前に、22 mg/kgで静脈内投与し、閉創直後または24時間以内に中止すべきとされている。手術が長時間に及ぶ場合には、90分ごとに投与するとよい[79]。こういった時間依存性の抗菌薬については、人医療で

は一般に、半減期の2倍の間隔での投与が推奨されている[80]。犬における抗菌薬の半減期（表1-4）、各手術手技に関連するSSIの想定原因菌および推奨される抗菌薬は上記の表の通りである[70]（表1-5）。

ハルステッドの手術原則

　どのような手術を実施するときでも、常にハルステッドの手術原則を意識して行うべきである。ハルステッドの手術原則とは、組織の取り扱いに関する外科技術の基本原則であり、以下の項目がある。
・無菌操作
・組織を丁寧に扱い、医原性損傷を避ける
・適切な止血を行う

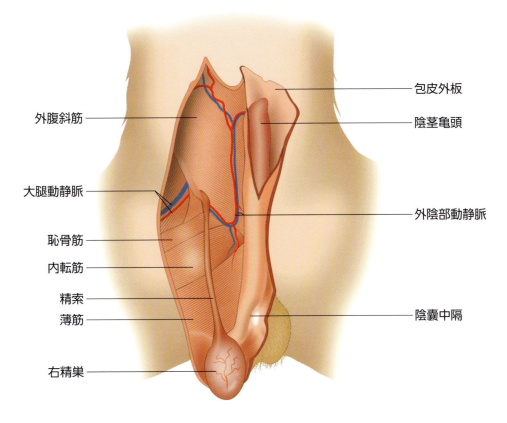

図 1-9 犬の精巣摘出時の周辺解剖 (文献81より引用、改変)

・血液供給を妨げない
・テンションをかけない
・死腔をなくす
・組織を並置する

外科解剖

　雄性生殖器の主要な構造物は、精巣、陰茎および前立腺である。ここでは、犬の精巣についてピックアップし、その概要を解説する（猫の精巣についてはp.48～49、図3-1～3-3を参照）。犬の精巣摘出時の周辺解剖を（図1-9）に示す。精巣摘出には、血管および精管の走行、膜解剖の理解が重要である。

精巣：解剖学

　精巣は楕円形で背尾方向に向いており、精巣上体および精索とともに陰嚢内におさまっている。左側の精巣は右側よりも尾側に位置し、左右がぶつからないようになっている。

　精巣上体はきつく巻いた管で、精巣からの精巣輸出管と精索をつないでいる。精巣背外面にくっついており、頭側は頭部、尾側は尾部と呼ばれる（図1-10-A）。

精巣上体尾部は、精巣と固有精巣間膜で付着し、精巣鞘膜および精筋膜とは精巣上体尾間膜で付着している（図1-10-B）。精巣上体尾部は精管と連結し、頭背側方向の精索へ向かう。

　精管は鼠径管を通って腹腔に入り、外側膀胱索のところで尿管の腹側を横切り、前立腺の背側を貫通して、前立腺尿道へ開口する（図1-11）。

　精索に含まれるのは、精巣動脈、精巣静脈、リンパ管、神経、精巣挙筋である（図1-12-A）。精巣静脈は蔓状となって、同様に蔓状となる精巣動脈と絡み合い、熱交換により動脈血・精巣の温度低下に働いている。精索を覆うのは精筋膜で、内側は腹横筋筋膜、外側は浅腹筋膜および深腹筋膜からなる。精巣挙筋は内腹斜筋から、時々腹横筋からで、精筋膜に挟まれて鞘膜壁側板に沿って走行する（図1-12-B）。精巣挙筋は周囲の温度に応じて精巣を上下させ、精巣の温度が体温よりわずかに低い状態を保つようにして、精子形成を促進している。なお、開放式での精巣摘出術には、総鞘膜を切開し、鞘膜臓側板に覆われた精巣を取り出して、精巣上体尾間膜を剥離する、というステップがある。ここでいわれる総鞘膜とは、外精筋膜から鞘膜壁側板までが複合した膜と考えるとよい。日本獣医解剖学会

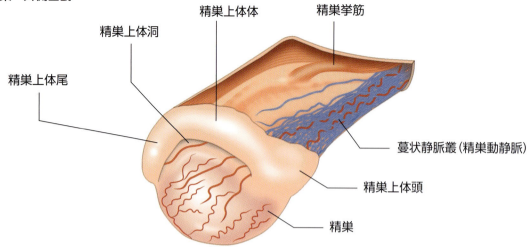
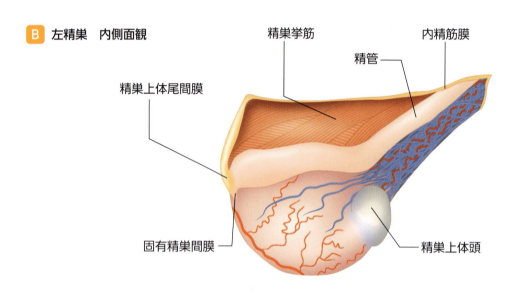
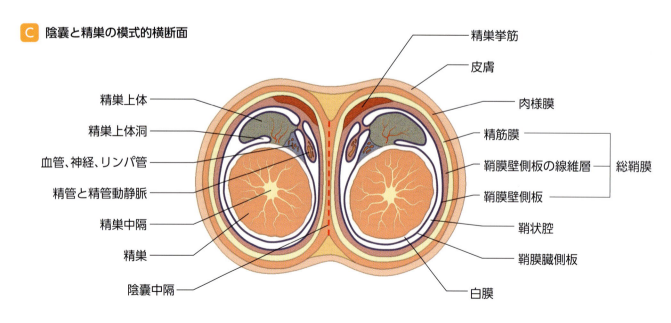

図 1-10　犬の精巣と陰嚢の構造（文献81より引用、改変）

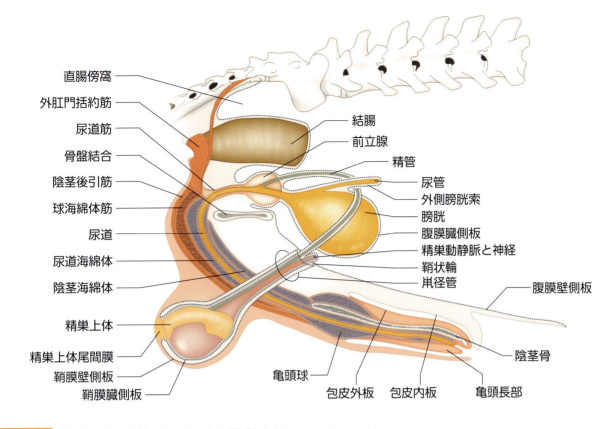

図 1-11 腹膜の反転と雄犬の生殖器の模式図 （文献81より引用、改変）
前立腺や直腸のところで腹膜が折り返しとなっている。

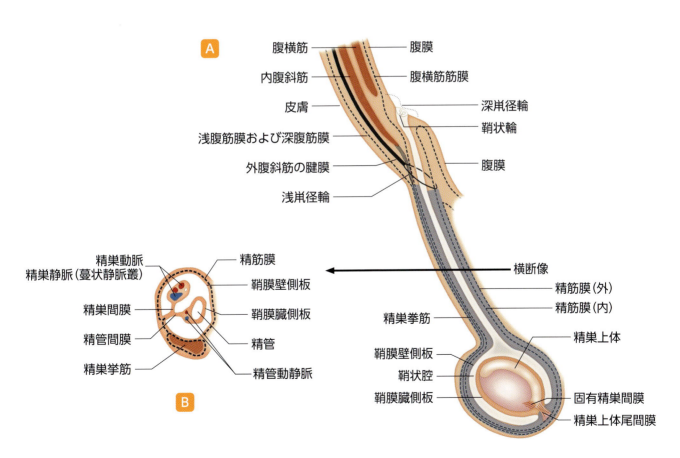

図 1-12 雄犬の鞘状突起の構造 （文献29より引用、改変）
腹膜：壁側鞘膜、腹横筋筋膜：内精筋膜、内腹斜筋筋膜：精巣挙筋筋膜、浅腹筋膜および深腹筋膜：外精筋膜。これらが複合した筋膜が、精筋膜（Spermatic fascia）と呼ばれる。いわゆる総鞘膜（青実線）は鞘膜と精筋膜が合わさったものであるから、精筋膜に一致すると考えられる。

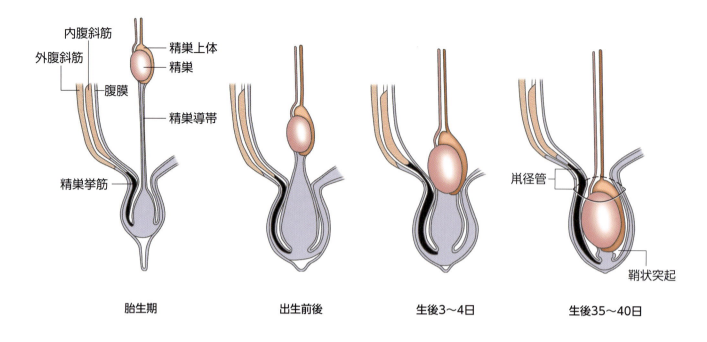

図1-13　犬の精巣下降（文献29、83より引用、改変）

が編纂した「獣医解剖学用語第6版」や獣医解剖学関連検索ツールに「総鞘膜」は含まれない[82]。

精巣動脈と精管動脈はそれぞれ精巣と精巣上体に血液を供給する。左右の精巣動脈は第4腰椎レベルで大動脈の腹側から分岐する。左側は右側よりも尾側から血管が分岐するようである。精管動脈は内腸骨動脈から内陰部動脈を経た前立腺動脈から分岐する。右精巣静脈は直接後大静脈に、左精巣静脈は左腎静脈に流入する。

精巣動脈に伴って、精巣神経叢（内精神経）が走行する。これらは交感神経幹の第4～6の腰神経節に由来しており、自律神経系である。精巣や精巣上体のリンパ管は、腰リンパ節（内側腸骨リンパ節や腰大動脈リンパ節など[57]）に流入する。

精巣：生理学

精巣の内部構造は曲精細管によって形成されており、精巣を支持する結合組織に沿って3つの異なる種類の細胞（精細胞、セルトリ細胞、ライディッヒ細胞）が存在する。精細管の基底部には精祖細胞（幹細胞）があり、有糸分裂して一次精母細胞（染色体数が2n）になる。これらは減数分裂を経て精子細胞になる。そこから、核と細胞質が変化し、鞭毛を尾部に持つ運動性細胞へと変わる。これが精子形成の過程で、その後精細管内腔に移動する（精子離脱）。

セルトリ細胞（精細管細胞）は精子の発生と成熟を支持し、精子の精細管内腔への放出を制御する。精細管基底側で密着帯を形成して、セルトリ細胞同士が血液精巣関門を形成する。これによって、精細管内の環境を制御し、精子が間質内に迷入するのを防いでいる。セルトリ細胞は下垂体前葉からFSH（卵胞刺激ホルモン）によって刺激される。FSHはインヒビンの負のフィードバックを受ける（インヒビンが増えるとFSHの分泌が抑制される）。

ライディッヒ細胞（間質細胞）は精細管の間に存在し、テストステロンを産生している。これはLH（黄体形成ホルモン）の負のフィードバックを受ける。

精子は精細管から精巣輸出管を経て精巣上体に達して、放出されるまで貯蔵される。射精の際には、精巣上体から精管を通って前立腺尿道へと移動する。

犬の副性腺は前立腺、猫の副性腺は前立腺と尿道球腺である。前立腺は薄い乳白色のアルカリ性の精液を分泌し、酸性の雌の生殖器内での精子の生存をサポートする。尿道球腺は精液の一部になる濃い粘液を分泌する。

胎生期の精巣は腹腔内に位置するが、腹膜外に存在する。これらは、精巣導帯と呼ばれる線維で陰嚢とつながっている。発生が進むにつれて、精巣導帯は鼡径管を通して、精巣を陰嚢内に引き込み、折りたたまれて二重になった腹膜を形成する（図1-13）。これらは

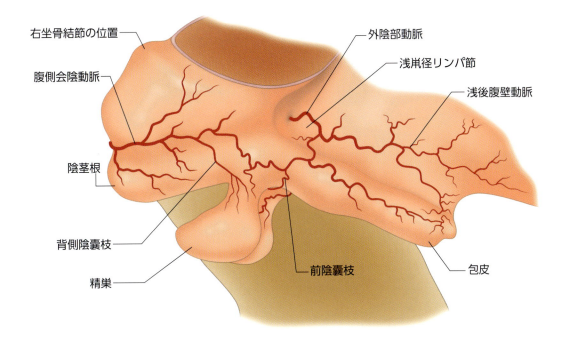

図1-14 雄犬の生殖器浅層の血管 (文献84より引用、改変)

それぞれ精巣鞘膜の壁側板と臓側板とよばれる。

陰嚢：解剖学

陰嚢は、犬では包皮口から肛門までの距離の2/3の位置に、猫では肛門の腹側に位置する。犬の陰嚢は薄く、色素沈着して細かいまばらな毛で覆われているが、猫は密な毛で覆われている。陰嚢は、皮膚、肉様膜、筋膜の3層構造である。皮膚の下の肉様膜は、あまり発達のよくない平滑筋に膠原線維と弾性線維が混じった層からなる。精巣は肉様膜が収縮することで、体側に引き寄せられる。

肉様膜と筋膜で構成される陰嚢中隔によって、陰嚢は左右の腔に分かれる。それぞれ精巣、精巣上体、精索の遠位と精筋膜、精巣鞘膜、精巣挙筋が含まれる（図1-10-C）。左右陰嚢の内側には、鞘状突起と呼ばれる腹膜の袋があり、内外の精筋膜に覆われている。精筋膜の奥では、外側が精巣鞘膜の壁側板、内側が精巣鞘膜の臓側板となる。壁側板と臓側板の間のスペースは、浅鼠径輪で腹膜腔と連続しており、鞘状腔と呼ばれる（図1-12）。臓側面の奥には、光沢のある密な白色の被膜があり、白膜と呼ばれる。

陰嚢への血液供給は外陰部動脈からの分枝がメインである（図1-14）。陰嚢動脈は総鞘膜の表層で、精巣表面を頭腹側方向へ横断する。陰嚢静脈は動脈と並走する。第1～3仙骨神経からの陰部神経の分枝の会陰神経が陰嚢全体に分布する。また、肉様膜は骨盤神経叢ではなく、会陰神経からの節後交感神経幹によって支配されている。陰嚢からのリンパ管は鼠径リンパ節に流入する。

陰嚢：生理学

精細管の変性を防ぐため、陰嚢の温度は体温より低くなっている。精巣の温度調節には、さまざまな因子が関与している。陰嚢皮膚は薄くて皮下脂肪がほとんどなく、汗腺が豊富である。犬の陰嚢皮膚は毛包が少ないが、猫では密な毛に覆われている。外気温に応じて、精巣挙筋と肉様膜が精巣を体から近づけたり遠ざけたりして温度調節をしている。動脈血は温かいが、蔓状静脈叢を通過する際に冷やされる。精細管の温度は、精子を産生するために、体温より2～3℃低い必要がある。

おわりに

なるべく文献の記載に基づいて、現時点での基礎知識と思われる情報を整理した。ただし、実施時期や麻酔・疼痛管理、SSIの予防的対応などは日々アップデートされるはずである。気が付いたら時代遅れ、などということにならないように注意したい。

【参考文献】

1. MacPhail, C. M., Fossum, T. W.(2019): Chapter 26 Surgery of the Reproductive and Genital Systems. In: Small Animal Surgery(Fossum,T.W. ed.), 5th ed., pp.720-787, Elsevier.

2. Root Kustritz, M. V.(2007): Determining the optimal age for gonadectomy of dogs and cats. *J. Am. Vet. Med. Assoc.*, 231(11):1665-1675.

3. Kahler, S.(1993): Spaying/neutering comes of age. *J. Am. Vet. Med. Assoc.*, 203(5):591-593.

4. Root Kustritz, M. V.(2002): Early spay-neuter: clinical considerations. *Clin. Tech. Small Anim. Pract.*, 17(3):124-128.

5. Theran, P.(1993): Animal welfare forum: overpopulation of unwanted dogs and cats. Early-age neutering of dogs and cats. *J. Am. Vet. Med. Assoc.*, 202(6):914-917.

6. Torres de la Riva, G., Hart, B.L., Farver, T. B., et al. (2013):Neutering dogs: effects on joint disorders and cancers in golden retrievers. *PLoS One*, 8(2):e55937.

7. Hart, B. L., Hart, L. A., Thigpen, A. P., et al.(2014): Long-term health effects of neutering dogs: comparison of Labrador Retrievers with Golden Retrievers. *PLoS One*, 9(7):e102241.

8. Hart, B. L., Hart, L. A., Thigpen, A. P., et al.(2016): Neutering of German Shepherd Dogs: associated joint disorders, cancers and urinary incontinence. *Vet. Med. Sci.*, 2(3):191-199.

9. Hart, B. L., Hart, L. A., Thigpen, A. P., et al.(2020): Assisting Decision-Making on Age of Neutering for 35 Breeds of Dogs: Associated Joint Disorders, Cancers, and Urinary Incontinence. *Front. Vet. Sci.*, 7:388.

10. Hart, L. A., Hart, B. L. Thigpen, A. P.(2023): Decision-making on recommended age of spay/neuter for a specific dog: General principles and cultural complexities. *Vet. Clin. North Am. Small Anim. Pract.*, 53(5):1209-1221.

11. Root, M. V., Johnston, S. D., Olson, P. N.(1997): The effect of prepuberal and postpuberal gonadectomy on radial physeal closure in male and female domestic cats. *Vet. Radiol. Ultrasound*, 38(1):42-47.

12. Stubbs, W. P., Bloomberg, M. S., Scruggs, S. L., et al.(1996): Effects of prepubertal gonadectomy on physical and behavioral development in cats. *J. Am. Vet. Med. Assoc.*, 209(11):1864-1871.

13. Howe, L. M.(2006): Surgical methods of contraception and sterilization. *Theriogenology*, 66(3):500-509.

14. Stubbs, W. P., Bloomberg, M. S., Scruggs, S. L., et al.(1993): Prepubertal gonadectomy in the domestic feline: effects on skeletal, physical, and behavioral development. *Vet. Surg.*, 22:401.

15. Howe, L. M., Slater, M, R., Boothe, H. W., et al.(2000): Long-term outcome of gonadectomy performed at an early age or traditional age in cats. *J. Am. Vet. Med. Assoc.*, 217(11):1661-1665.

16. Radlinsky, M. G., Fossum, T. W.(2019): Chapter 18 Surgery of the Digestive Systems. In: Small Animal Surgery (Fossum, T. W. ed.), 5th ed., pp.331-511, Elsevier.

17. Nielsen, S. W., Attosmis, J.(1964): CANINE PERIANAL GLAND TUMORS. *J. Am. Vet. Med. Assoc.*, 144:127-135.

18. Wilson, G. P., Hayes Jr., H. M. (1979): Castration for treatment of perianal gland neoplasms in the dog. *J. Am. Vet. Med. Assoc.*, 174(12):1301-1303.

19. White, R. A. S.(2018): Chapter 113 Prostate. In: Veterinary Surgery: Small Animal(Johnston, S. A., Tobias, K. M. eds.), 2nd ed., pp.2168-2184, Elsevier.

20. Bryan, J. N., Keeler, M. R., Henry, C. J., et al.(2007): A population study of neutering status as a risk factor for canine prostate cancer. *Prostate.*, 67(11):1174-1181.

21. Hayes, H. M., Wilson, G. P., Tarone, R.(1978): The epidemiologic features of perineal hernia in 771 dogs. *J. Am. Anim. Hosp. Assoc.*, 14:703-707.

22. Hosgood, G., Hedlund, C. S., Pechman, R. D., et al.(1995): Perineal herniorrhaphy: perioperative data from 100 dogs. *J. Am. Anim. Hosp. Assoc.*, 31(4):331-342.

23. Pirker, A., Brandt, S., Seltenhammer, M., et al.(2009): Relaxin expression in the testes of dogs with and without perineal hernia. *Vet. Med. Austria*, 96(1):34-38.

24. Roulaux, P. E. M., van Herwijnen, I. R., Beerda, B.(2020): Self-reports of Dutch dog owners on received professional advice, their opinions on castration and behavioural reasons for castrating male dogs. *PLoS One*, 15(6): e0234917.

25. Neilson, J. C., Eckstein, R. A., Hart, B. L.(1997): Effects of castration on problem behaviors in male dogs with reference to age and duration of behavior. *J. Am. Vet. Med. Assoc.*, 211(2):180-182.

26. Maarschalkerweerd, R. J., Endenburg, N., Kirpensteijn, J., et al.(1997): Influence of orchiectomy on canine behaviour. *Vet. Rec.*, 140(24):617-619.

27. Hart, B. L., Barrett, R. E.(1973): Effects of castration on fighting, roaming, and urine spraying in adult male cats. *J. Am. Vet. Med. Assoc.*, 163(3):290-292.

28. MacPhail, C. M., Fossum, T. W.: Chapter 4 Preoperative and Intraoperative Care of the Surgical Patient. In: Small Animal Surgery(Fossum, T. W. ed.), 5th ed., pp.26-35, Elsevier.

29. Towle Millard, H. A.: Chapter 111 Testes, Epididymides, and Scrotum. In: Veterinary Surgery: Small Animal(Johnston, S. A., Tobias, K. M. eds.), 2nd ed., pp.2142-2157, Elsevier.

30. Richardson, E. F., Mullen, H.(1993): Cryptorchidism in cats. *Compend. Contin. Educ. Vet.*, 15(10):1342-1345

31. Romagnoli, S. E. (1991): Canine cryptorchidism. *Vet. Clin. North Am. Small Anim. Pract.*, 21(3):533-544.

32. Kawakami, E., Tsutsui, T., Yamada, Y., *et al.*(1984): Cryptorchidism in the dog: occurrence of cryptorchidism and semen quality in the cryptorchid dog. *Nihon Juigaku Zasshi.*, 46(3):303-308.

33. Dunn, M. L., Foster, W. J., Goddard, K. M (1968): Cryptorchidism in dogs: a clinical survey. *J. Am. Anim. Hosp. Assoc.*, 4:180-182.

34. Ruble, R. P., Hird, D. W.(1993): Congenital abnormalities in immature dogs from a pet store: 253 cases (1987-1988). *J. Am. Vet. Med. Assoc.*, 202(4):633-636.

35. Reif, J. S., Brodey, R. S.(1969): The relationship between cryptorchidism and canine testicular neoplasia. *J. Am. Vet. Med. Assoc.*, 155(12):2005-2010.

36. Yates, D., Hayes, G., Heffernan, M., *et al.*(2003): Incidence of cryptorchidism in dogs and cats. *Vet. Rec.*, 152(16):502-504.

37. Priester, W. A., Glass, A. G. Waggoner, N. S.(1970): Congenital defects in domesticated animals: general considerations. *Am. J. Vet. Res.*, 31(10):1871-1879.

38. Millis, D. L., Hauptman, J. G., Johnson, C. A.(1992): Cryptorchidism and monorchism in cats: 25 cases (1980-1989). *J. Am. Vet. Med. Assoc.*, 200(8):1128-1130.

39. Kawakami, E., Yamada, Y., Tsutsui, T., *et al.*(1993): Changes in plasma androgen levels and testicular histology with descent of the testis in the dog. *J. Vet. Med. Sci.*, 55(6):931-935.

40. Ashdown, R. R.(1963): The diagnosis of cryptorchidism in young dogs: a review of the problem. *J. Small Anim. Pract.*, 4(4):261-263.

41. Pearson, H., Kelly, D. F.(1975): Testicular torsion in the dog: a review of 13 cases. *Vet. Rec.*, 97(11):200-204.

42. Brissot, H. N., Dupré, G. P., Bouvy, B. M.(2004): Use of laparotomy in a staged approach for resolution of bilateral or complicated perineal hernia in 41 dogs. *Vet. Surg.*, 33(4):412-421.

43. Burrows, C. F., Harvey, C. E.(1973):Perineal hernia in the dog. *J. Small Anim. Pract.*, 14(6):315-332.

44. Dupre, G. P., Prat, N., Bouvy, B.(1993): The nature and treatment of perineal hernia-related lesions: a retrospective study of 60 cases and the definition of the protocol for treatment. *Pract. Med. Chir. Anim. Comp.*, 28(3):333-344.

45. Dupuy-Dauby, L., Dupré, G., Bouvy, B., *et al.*(1996): Surgical treatment of 48 cases of prostatic diseases in dogs: retrospective study. *Prat. Med. Chir. Anim.*, 31:515-524.

46. Head, K. W. Else, R. W.(1981): Neoplasia and allied conditions of the canine and feline intestine. *Vet Ann.*, 21:190-208.

47. Lewis, D. D., Beale, B. S., Pechman, R. D., *et al.*(1992): Rectal perforations associated with pelvic fractures and sacroiliac fracture separations in four dogs. *J. Am. Anim. Hosp. Assoc.*, 28(2):175-181.

48. Maute, A. M., Koch, D. A., Montavon, P. M.(2001): [Perineal hernia in dogs--colopexy, vasopexy, cystopexy and castration as elective therapies in 32 dogs]. *Schweiz. Arch. Tierheilkd.*, 143(7):360-367.

49. Sherding, R. G., Wilson 3rd., G. P., Kociba, G. J.(1981): Bone marrow hypoplasia in eight dogs with Sertoli cell tumor. *J. Am. Vet. Med. Assoc.*, 178(5):497-501.

50. Dhaliwal, R. S., Kitchell, B. E., Knight, B. L. *et al.*(1999): Treatment of aggressive testicular tumors in four dogs. *J. Am. Anim. Hosp. Assoc.*, 35(4):311-318.

51. Morgan, R. V.(1982): Blood dyscrasias associated with testicular tumors in the dog. *J. Am. Anim. Hosp. Assoc.*, 18:970-975.

52. Edwards, D. F.(1981): Bone marrow hypoplasia in a feminized dog with a Sertoli cell tumor. *J. Am. Vet. Med. Assoc.*, 178(5):494-496.

53. Dow, C.(1962): Testicular tumours in the dog. *J. Comp. Pathol.*, 72:247-265.

54. Lipowitz, A. J., Schwartz, A., Wilson, G. P., *et al.*(1973): Testicular neoplasms and concomitant clinical changes in the dog. *J. Am. Vet. Med. Assoc.*, 163(12):1364-1368.

55. McNeil, P. E., Weaver, A. D.(1980): Massive scrotal swelling in two unusual cases of canine sertoli-cell tumour. *Vet. Rec.*, 106(7):144-146.

56. Agnew, D. W., MacLachlan, N. J.(2016): Chapter 16 Tumors of the Genital Systems. In: Tumors in Domestic Animals, 5th ed., pp.689-722, Wiley & Sons.

57. Baum, H.: The Lymphatic System of the Dog. https://openpress.usask.ca/k9lymphaticsystem, (accessed 2024-07-01).

58. England, G. C. W., Allen, W. E., Porter, D. J.(1989): Evaluation of the testosterone response to hCG and the identification of a presumed anorchid dog. *J. Small Anim. Pract.*, 30:441-443.

59. Bednarski, R. M.(2015): Section 11 Anesthesia and Analgesia for Domestic Species. 44 Dogs and Cat. In: Veterinary Anesthesia and Analgesia(Grimm, K. A., Lamont, L. A., Tranquilli, W. J., *et al.* eds.), 5th ed., p.821, WILEY Blackwell.

60. Grubb, T. L., Perez Jimenez, T. E., Pettifer, G. R.(2015): Section 12: Anesthesia and Analgesia for Selected Patients or Procedures. 53 Neonatal and Pediatric Patients. In: Veterinary Anesthesia and Analgesia(Grimm, K. A., Lamont, L. A., Tranquilli, W. J., *et al.* eds.), 5th ed., p.984, WILEY Blackwell.

61. Budde, J. A., McCluskey, D. M.(2018): Acepromazine. In: Plumb's Veterinary Drug Handbook, 9th ed., pp.2-6, Wiley Blackwell.

62. Forsythe, L. E.(2018): Meloxicam. In: Plumb's Veterinary Drug Handbook, 9th ed., pp.746-750, Wiley Blackwell.

63. Mathews, K. A.(2000): Pain assessment and general

approach to management. *Vet. Clin. North Am. Small Anim. Pract.,* 30(4):729-755.

64. Mathews, K., Kronen, P. W., Lascelles, D., *et al.*(2014): Guidelines for recognition, assessment and treatment of pain: WSAVA Global Pain Council members and co-authors of this document: *J. Small Anim. Pract.,* 55(6):E10-68.

65. Moldal, E. R., Eriksen, T., Kirpensteijn, J., *et al.*(2013):Intratesticular and subcutaneous lidocaine alters the intraoperative haemodynamic responses and heart rate variability in male cats undergoing castration. *Vet. Anaesth. Analg.,* 40(1):63-73.

66. Huuskonen, V., Hughes, J. M. L., Estaca Bañon, E., *et al.* (2013): Intratesticular lidocaine reduces the response to surgical castration in dogs. *Vet. Anaesth. Analg.,* 40(1):74-82.

67. Perez, T. E. Grubb, T. L., Greene, S. A., *et al.*(2013): Effects of intratesticular injection of bupivacaine and epidural administration of morphine in dogs undergoing castration. *J. Am. Vet. Med. Assoc.,* 242(5):631-642.

68. Singh, A., Weese, J. S.(2018): Chapter 10 Wound Infections and Antimicrobial Use. In: Veterinary Surgery: Small Animal(Johnston, S. A., Tobias, K. M. eds.), 2nd ed., pp. 148-155, Elsevier.

69. Mangram, A. J., Horan, T. C., Pearson, M. L., *et al.*(1999): Centers for Disease Control and Prevention (CDC) Hospital Infection Control Practices Advisory Committee. *Am. J. Infect. Control,* 27(2):97-132; quiz 133-134; discussion 96.

70. Berrios-Torres, S. I., Umscheid, C. A., Bratzler, D. W., *et al.* (2017): Centers for Disease Control and Prevention Guideline for the Prevention of Surgical Site Infection, 2017. *JAMA Surg.,* 152(8):784-791.

71. Centers for Disease Control and Prevention. 2023 NHSN Surgical Site Infection (SSI) Checklist. https://www.cdc.gov/nhsn/pdfs/checklists/ssi-checklist-508.pdf, (accessed, 2024-06-25).

72. Willard, M. D., Schulz, K. S., Fossum, T. W. (2019): Chapter 9 Surgical Infections and Antibiotic Selection. In: Small Animal Surgery(Fossum, T. W. ed.), 5th ed., pp.148-155, Elsevier.

73. Schonberger, R. B., Barash, P. G., Lagasse, R. S.(2015): The Surgical Care Improvement Project Antibiotic Guidelines: Should We Expect More Than Good Intentions? *Anesth. Analg.,* 121(2):397-403.

74. Vasseur, P. B., Levy, J., Dowd, E., *et al.*(1988): Surgical wound infection rates in dogs and cats. Data from a teaching hospital. *Vet. Surg.,* 17(2):60-64.

75. Weese, J. S., Halling, K. B.(2006): Perioperative administration of antimicrobials associated with elective surgery for cranial cruciate ligament rupture in dogs: 83 cases (2003-2005). *J. Am. Vet. Med. Assoc.,* 229(1):92-95.

76. Whittem, T. L., Johnson, A. L., Smith, C. W., *et al.*(1999): Effect of perioperative prophylactic antimicrobial treatment in dogs undergoing elective orthopedic surgery. *J. Am. Vet. Med. Assoc.,* 215(2):212-216.

77. Turk, R., Singh, A., Weese, J. S.(2015): Prospective surgical site infection surveillance in dogs. *Vet. Surg.,* 44(1):2-8.

78. Windahl, U., Bengtsson, B., Nyman, A. K., *et al.*(2015): The distribution of pathogens and their antimicrobial susceptibility patterns among canine surgical wound infections in Sweden in relation to different risk factors. *Acta Vet. Scand.,* 57(1):11.

79. Fossum, T. W.(2019): Chapter 9 Surgical Infections and Antibiotic Selection. In: Small Animal Surgery(Fossum, T. W. ed.), 5th ed., pp.79-89, Elsevier.

80. Bratzler, D. W., Dellinger, E. P., Olsen, K. M., *et al.*(2013): Clinical practice guidelines for antimicrobial prophylaxis in surgery. *Am. J. Health. Syst. Pharm.,* 70(3):195-283.

81. Christensen, G. C.(1985): 第9章 尿生殖器. 新版 改定増補 犬の解剖学(Evans, H. E., Christensen, G. C. eds.), 望月公子 監訳, pp.438-442, 学窓社.

82. 日本獣医解剖学会/獣医解剖分科会. 獣医解剖・組織・発生学用語. 獣医解剖学関連用語検索ツール. https://www.jpn-ava.com/glossary/search/ (accessed 2024-06-25).

83. Evans, H. E., de Lahunta, A.(2020): The urogenital system In: Miller's Anatomy of the Dog(Hermanson, J. W., de Lahunta, A. eds.), 5th ed., pp.416-468, Elsevier.

84. (1985): 第11章 心臓と動脈. 新版 改定増補 犬の解剖学(Evans, H. E., Christensen, G. C. eds.), 望月公子 監訳, p.569, 学窓社.

第2章

犬の去勢手術（開放式）

犬の去勢手術（開放式）

はじめに

　犬の去勢手術（精巣摘出術）は、多くの臨床獣医師にとって最も多く行う手術であると思われる。また、臨床獣医師になって初期に経験する手術であり、外科の初学者にとっては難しく感じることもあるかもしれない。しかし、その術式には外科の基本的な手技が詰まっている。本稿を通じ、犬の精巣摘出術について学び直す一助となれば幸いである。

術前準備

麻酔

　健康な動物の待機手術には、数多くの麻酔プロトコルが使用される。十分な鎮静と鎮痛効果を得るために、複数の薬剤や麻酔方法を組み合わせ、作用を最大限かつ副作用を最小限とすることをバランス麻酔といい、健康な動物の選択的手術でも数多くの麻酔プロトコルが使用される。麻酔プロトコルの詳細は第1章を参照されたい。

器具

　準備すべき器具として、滅菌ドレープ、手術器具（図2-1）、滅菌ガーゼ、滅菌手袋、滅菌ガウンなどが挙げられる。

　手術器具は、メスまたは電気メス、メッツェンバウム剪刀、鑷子（ドベーキー型だとなおよい）、鉗子（3本程度）、外科剪刀、持針器、タオル鉗子（4本程度）である。粘着性のある有窓ドレープを使用する場合、タオル鉗子は必須ではない。

　縫合糸の選択は動物の体格により考慮するが、通常は2-0～4-0のモノフィラメント性吸収糸を使用する。使用する縫合糸の例として、ポリグラクチン910（VICRYL）、ポリジオキサノン（PDS）、ポリグルカプロン25（MONOCRYL）、ポリグリコン酸塩（Maxon）、グリコマー631（Biosyn）などがある。筆者は、ミニチュア・ダックスフンドなど糸への反応が懸念されるような動物では、ヘモクリップや鋼線の使用なども検討している。とくに超音波凝固切開装置（図2-2）は短時間で手術を終えることが可能で、体内に人工物を残すことがないため、有用である。ただし、超音波凝固切開装置で処理できる血管の幅は7 mm以下とされているため[1]、それを超える太さの血管は結紮する。

毛刈り

　症例を仰臥位で保定し、陰嚢およびその頭側を毛刈

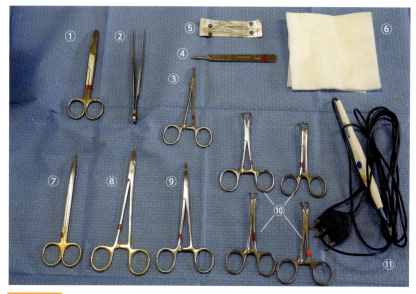

図2-1　去勢手術に使用する手術器具
①外科剪刀、②ドベーキー鑷子、③モスキート鉗子、④メスハンドル、⑤外科用メスの替刃（No.15）、⑥滅菌不織布ガーゼ、⑦メッツェンバウム剪刀、⑧持針器、⑨コッヘル鉗子、⑩タオル鉗子、⑪モノポーラ型電気メス。

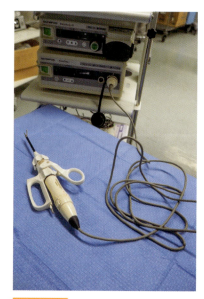

図2-2　超音波凝固切開装置
超音波手術システムSonoSurg（OLYMPUS）。

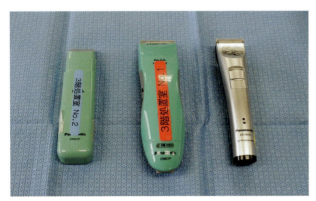

図 2-3　毛刈りに用いるクリッパー（バリカン）
先端のサイズが異なるクリッパーを複数備えておくと、広い部位から細かい部位まで対処しやすい。

りする。陰嚢皮膚は薄く、クリッパー（バリカン）（図2-3）を直接当てると皮膚を切ってしまうなどの医原性損傷が起こりやすい。陰嚢は元来、毛があまり生えていない部位であるため、術野に入らないよう短く切る程度でよい。

毛刈りをするタイミングは、基本的には麻酔導入し、不動化が得られてからが望ましい。覚醒下での毛刈りは皮膚を傷つける恐れがあり、また、あらかじめ毛刈りをすることで周囲環境の汚れが皮膚につきやすくなるためである。獣医学領域では術前4時間以内の毛刈りは、それ以前の毛刈りと比較し術創感染発生率が低いと報告されている[2]。最初は毛の生える方向に沿ってクリッパーにより毛刈りし、続いて毛の向きと逆方向に刃を入れる。刈り取った毛は掃除機で除去する。

皮膚洗浄・消毒

手術前の皮膚洗浄・消毒の目的は、皮膚から汚れや一過性微生物を除去すること、組織への刺激を最小限に抑えながら、病原性微生物を疾病・感染性伝播が抑止可能な量まで減少させること、急速な炎症を抑制すること、である。

皮膚の洗浄、消毒法は獣医学領域においてプロトコルが確立されていないが、クロルヘキシジングルコン酸塩とアルコールの組み合わせで使用されることが多い。皮膚の洗浄には1〜4%のクロルヘキシジングルコン酸塩を使用し、しっかり泡立てて汚れを落とす。その後のすすぎには0.5%に希釈したクロルヘキシジン溶液を使用する（図2-4）。汚れが強い場合には複数回この行程を繰り返す。切開予定部位を中心に、辺縁に向かって直線状または円を描くように洗浄する。細菌を切開予定部に移さないように、辺縁部から中心部に戻らないように注意する。辺縁部に到達したスポン

ジは破棄する。すすぎも同様に行う（図2-5）。洗浄が終了したら、続いて消毒を行う。犬において、消毒に使用されるクロヘキシジングルコン酸塩濃度は1〜4%であることが推奨される[3]。クロルヘキシジングルコン酸塩は消毒効果の持続時間が優れている（図2-6）。

一方、アルコールは消毒効果と即効性についてはクロルヘキシジングルコン酸塩より高いが、持続時間に劣る。アルコールはタンパク変性を起こさせることにより消毒効果を示し、短時間で効力を発現する。60〜95%のアルコールを含むアルコール溶液が最も有効であり、水がないとタンパク質は容易には変性しないため、これよりも高い濃度のものは効力が劣る[5]。一般に83%エタノールと1%のクロルヘキシジングルコン酸塩の合剤が販売されているが、刺激性があるため粘膜や創傷部位には使用してはならない。

また、ヨード剤を使用して消毒を行っている施設も多いと思われる。手術部位の皮膚や創傷部位、口腔、膣などの粘膜にも使用が可能である。尿道カテーテルを設置する際には、あらかじめポビドンヨードの希釈液で包皮粘膜を消毒する。ポビドンヨードは有機物の存在で不活化されやすいため[6]、消毒手順の前にしっかり洗浄を行う。乾燥までに5〜10分間程度を要し、乾燥してはじめて効果が発現する。術野消毒の際は着色により消毒範囲がわかりやすいのも利点である。

近年、犬においてポビドンヨードとアルコール性クロルヘキシジンの消毒効果を比較したメタ解析の報告があり、信頼性は低いものの、SSI予防効果に差がなかったとされている[7]。

Tips

アルコールには引火性がある。ドレープがアルコールを吸収している場合や、ドレープの下に消毒液の液だまりができていることもあり、気づかずに引火することがある。アルコールに引火した炎は青白くて気づきにくく、不織布のドレープが溶けるように広がる。重大事故につながる可能性があるため、異常を発見したら即座に水をかけるなどの対処が必要である。とくに電気メスを使用する場合は、アルコールが乾燥していることを十分に確認してから使用する。

図 2-4 消毒に使用する溶液
洗浄に使用している4%のクロルヘキシジングルコン酸塩（右奥）と、すすぎに使用している0.5%に希釈したクロルヘキシジン溶液（左奥の原液を水道水で10倍に希釈し、未滅菌の清潔なガーゼを浸したものが手前の溶液）。

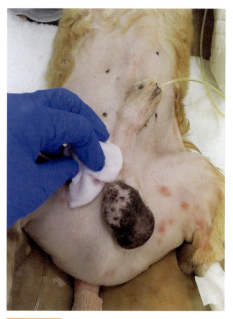

図 2-5 洗浄している様子
切開予定部位を中心に、円を描くように外側に向かって広げる。毛刈りの範囲まで到達したら使用したガーゼは破棄し、新しいガーゼを使用する。洗浄、すすぎも同様に行い、汚れが取れるまで繰り返す。

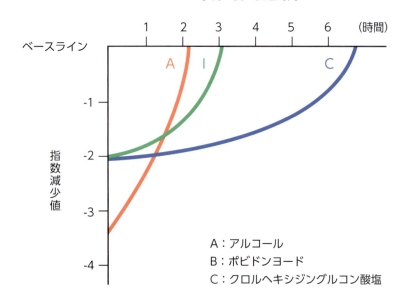

A：アルコール
B：ポビドンヨード
C：クロルヘキシジングルコン酸塩

図 2-6 各種消毒薬使用後における手指菌数の減少と持続性（文献4より引用、改変）
作用速度と残存性を考慮すると、アルコールとクロルヘキシジングルコン酸塩の組み合わせが有効であることがわかる。

術式：陰嚢前切開

　犬の精巣摘出術は、総鞘膜を切開するかどうかで、開放式と閉鎖式に分かれる。また、アプローチ法としては、陰嚢前切開と陰嚢切開があり、陰嚢切開は仰臥位で行う場合と腹臥位で陰嚢尾側を切開する場合がある。

　一般的に実施されることが多いのは、陰嚢前切開でアプローチする開放式の精巣摘出術であるため、本項ではその手技について述べていく。とくに体重20 kg以上の犬は精巣動静脈が太いため、確実に結紮する必要があり、開放式が推奨される[8]。

ドレーピング

　術者は手洗いを終えたら、滅菌ガウン、滅菌グローブを装着し、陰嚢と前方皮膚を露出するようにドレーピングを行う（図2-7）。

　術野を汚染するため、一度位置を決めたドレープは切開予定部位方向へは動かしてはならない。術野にドレープをかけたらタオル鉗子で皮膚と固定する。このとき、ドレープと皮膚を固定するために噛んだタオル鉗子は、皮膚を通過した時点で汚染されたと考えるべきで、噛み直すなどは基本的にしないほうがよい。

図 2-7 ドレープをかけた術野
粘着性のあるドレープのため、タオル鉗子を使用していない。

精巣の移動

　陰嚢内に精巣が2つあることを確認する（図2-8-①）。

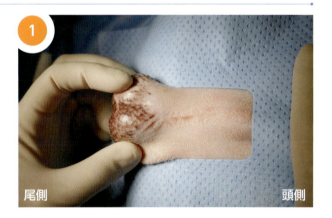

　どちらの精巣からアプローチしても構わないが、用手にて片側の陰嚢内の精巣を陰嚢前皮下まで押し出し移動させる（図2-8-②）。

　この操作により尿道の上に精巣が位置することになり、精巣直上を切開することで尿道の医原性損傷を防ぐことができる[9]。

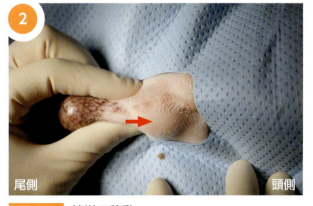

図 2-8 精巣の移動
用手で精巣を（➡）陰嚢前皮下へ移動させている。

切　皮

　右利きであれば左手で精巣を固定し、直上をメスで皮膚切開する（図2-9）。皮膚、肉様膜を切開すると総鞘膜が確認される。

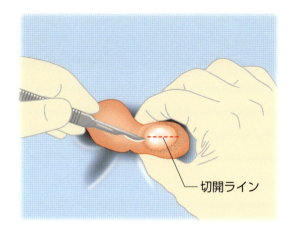
切開ライン

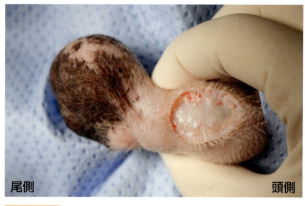

| 図 2-9 | 切　皮 |

利き手と逆手で精巣を保持し、直上皮膚をメスで切開している。

動画でわかる

https://e-lephant.tv/ad/2003778/

総鞘膜の切開

　総鞘膜はよく使用される用語であるが、解剖学的用語ではない。陰嚢部は皮膚、肉様膜、精筋膜、鞘膜、白膜に包まれ精巣が存在する構造となっている。皮膚と肉様膜を切開すると精筋膜と鞘膜壁側板が露出され、精巣の可動性が増す。鞘膜は、腹膜の連続が鼠径輪を通り陰嚢内に収まったもので、鞘膜壁側板と鞘膜臓側板より成る。鞘膜壁側板には線維性の厚い層があり、これらと精筋膜を合わせたものが一般的に総鞘膜として知られている。

　総鞘膜に包まれた精巣が露出したら（図2-10-①）、利き手と逆の手で精巣を把持し、総鞘膜を切開する（図2-10-②）。切開にはメスまたは電気メスを用いる。総鞘膜を切開すると、鞘膜臓側板と白膜に包まれた精巣が露出する。

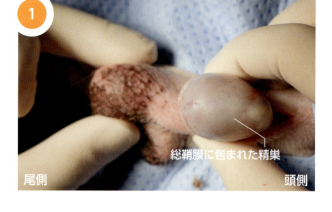

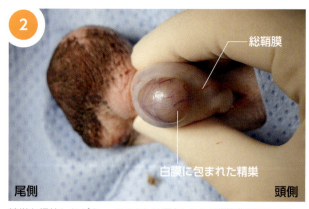

精巣を把持しながら、メスまたは電気メスで総鞘膜を切開する。切開がある程度広がると、自然に精巣が押し出されてくる。

| 図 2-10 | 総鞘膜の切開 |

Tips

　総鞘膜に深く刃を入れると、白膜まで切開が及び、精巣自体に切り込んでしまうため注意する。精巣に切り込むと不用意な出血を招くほか、精巣が腫瘍化している場合は播種を引き起こす可能性がある。メスや電気メスにより総鞘膜に小さく穴が開けば、そこからメッツェンバウム剪刀で切開を広げてやることで、精巣の損傷リスクを最小限とすることができる。

動画でわかる

https://e-lephant.tv/ad/2003779/

間膜の処理

精巣上体尾間膜の剝離

精巣を露出し、精巣上体尾間膜を用手または鉗子で牽引し分離するか、電気メスで切離する（図2-11-①、②）。

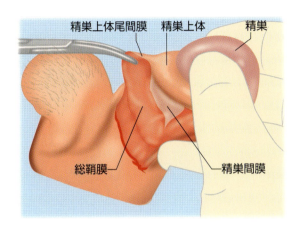

精巣間膜を電気メスで切離し、総鞘膜と精管、精巣動静脈を分離する。分離後、モスキート鉗子でそのまま総鞘膜を把持しておく（図2-11-③）。

Tips

精巣上体尾間膜の鈍性剝離後、総鞘膜側の付着部から出血がみられる場合、バイポーラ型電気メスまたはその他の電気メスがあれば出血点を焼烙し止血する。それらの電気デバイスがない場合は、精巣上体尾間膜を分離するのに使用したコッヘル鉗子またはモスキート鉗子にて出血点を把持することで挫滅する。精巣の血管処理、摘出を行っている間に、挫滅による止血を達成できていることが多い。この止血が不十分だと、術後に血腫による陰囊の腫大が引き起こされることがあるので注意する。

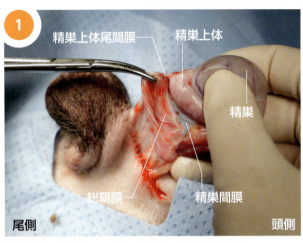

精巣上体尾間膜を、モスキート鉗子で把持し牽引する。

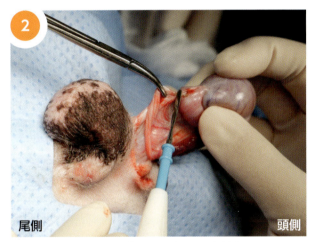

精巣上体尾間膜を、モノポーラ型電気メスで切離する。

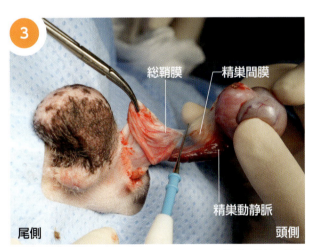

精巣間膜をモノポーラ型電気メスで切離し、総鞘膜と精管、精巣動静脈を分離する。分離後、モスキート鉗子でそのまま総鞘膜を把持しておく。

図 2-11　精巣上体尾間膜の剝離

精管間膜の切開

精巣間膜を切離すると、総鞘膜と精巣はさらに分離が可能で、血管、精管が露出される。

精管には精管動静脈が伴行し、精巣動静脈にはリンパ管、神経が伴行する（図2-12）。精管と精巣動静脈の間の精管間膜をモスキート鉗子で鈍性に切開する（図2-13）。

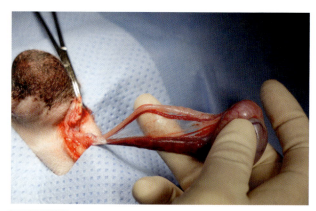

図 2-12 精管および精管動静脈と精巣動静脈

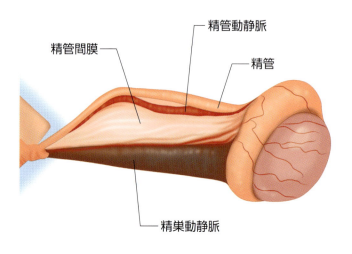

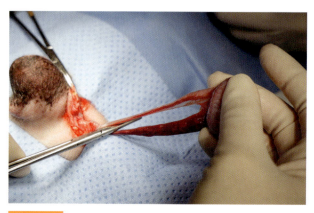

図 2-13 精管と精巣動静脈の分離
精管および精管動静脈と精巣動静脈を分離する。

https://e-lephant.tv/ad/2003781/
血管と精管の結紮、血管と精管の切断、血管と精管の還納

血管と精管の結紮

結　紮

精巣動静脈を体腔側2糸結紮、遠位側1糸結紮または鉗子で把持する。血管の結紮法は単純結節縫合でもよいが、緩みにくいストラングルノットなどで行うと、なお安心である（図2-14）。血管と精管の結紮には吸収糸を用いる。糸のサイズは、動物の大きさにより4-0～2-0程度を使い分ける。

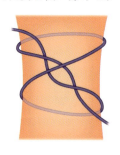

ストラングルノット
結び目の力点が二重になることで、締め付けを強固にする結び方。結んだ糸が滑りにくく、解けにくい。

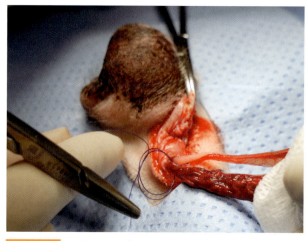

図 2-14 ストラングルノットによる結紮

糸の把持

精巣動静脈を結紮し、糸をモスキート鉗子で把持する。結紮が緩んでいたり、糸が外れてしまった場合、鼠径輪を通り腹腔内へ血管が引き込まれる可能性があるため、体腔側の糸を長く残しモスキート鉗子で把持しておくとよい（図2-15）。糸が外れ、血管が鼠径輪に戻ってしまった場合は、腹腔内出血となる。

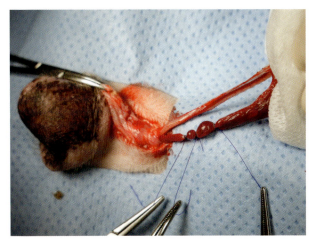

図 2-15 血管の結紮
精巣動静脈を結紮し（体腔側2糸、遠位側1糸）、糸をモスキート鉗子で把持する。

Column 1　血管を結紮する縫合糸の太さ

　血管結紮の縫合糸は、どのように選択すればよいだろうか。たとえば皮膚や腹壁などは、強いテンションに耐えねばならない。しかし血管、とくに静脈には、それほどの強い力は通常かからない。それでも糸と血管壁の摩擦を十分高めたい。そう考えたとき、糸は太い方がよいだろうか、それとも細い方がよいだろうか。

　「大は小を兼ねる。どんな血管も2-0で縛ればよいのではないか」……よく陥りがちなこの考えには落とし穴があり、間違いであるといえる。

　縫合糸は、結紮部分以外は糸が対象にぴったりと接して（食い込んで）摩擦を生じる。しかし、結紮部分はどうだろう。太い糸ほど大きな結紮になる。いわゆる外科結紮を行うと、なおさら大きくなる。十分に太い血管では無視できるが、細い血管ほど結紮の大きさに影響を受ける。

　血管結紮には原則がある。結紮部の玉の直径よりも細い血管は、玉の両サイドが血管から浮いてしまうため、閉鎖できない（図C1-1）。つまり、細い血管は細い糸で、小さな玉で結紮しなければならない。この原則を適切に実行するポイントは以下の2つである。

①血管の太さは、血液を満たした状態ではなく、血液のない状態での太さで考えなければならない。とくに静脈は壁が薄く、結紮すると思いのほか径が細くなることに注意が必要である。

②結紮の方法は締め込む力が強いストラングルノットやコンストリクターズノットがよく、締め込みが不十分で玉が大きくなりがちな外科結紮は使用しない。

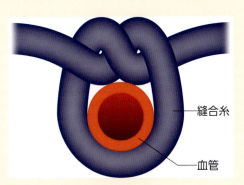

図 C1-1 結紮で血管を閉鎖できない例

血管と精管の切断

　メッツェンバウム剪刀で精巣動静脈を切断する（図2-16）。切断部位が体腔側の糸に近いと、糸が外れる可能性があるため、近位、遠位の結紮部位の中間で切断する。精管、精管動静脈もまとめて同様に処理し、精巣を除去する。

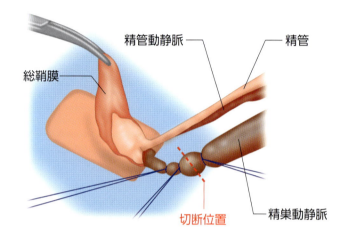

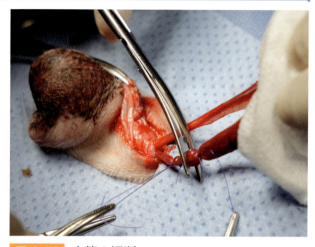

図 2-16　血管の切断
体腔側で2糸、遠位側で1糸結紮し、その間をメッツェンバウム剪刀で切断する。

Tips

精管、血管の処理に超音波凝固切開装置などの電気デバイスを使用してもよいが、こういった装置を使用する際には、正しく使うこと、過信しないことが重要である。凝固切開するときに切断部位にテンションがかかっていると、凝固が終わらないうちに血管が引きちぎれたり、テンションが解放され血流が戻ったときに切断端から出血したりすることもあるため、しっかりと止血、切断が達成されているかどうかを確認する。

血管と精管の還納

　血管の切断端から出血がないことを確認したら、最近位の結紮糸を短く切って、血管・精管を総鞘膜内に収納する（図2-17）。総鞘膜を陰嚢に収めた後、逆側の精巣も同様に処理する。

最近位の結紮糸を短く切って、血管・精管を総鞘膜内に収納する。

総鞘膜内に収納した様子。

図 2-17　血管と精管の還納

閉　創

陰嚢前切開部の閉鎖

両側の精巣を摘出した後（図2-18）、陰嚢前切開部は2～3層で閉鎖する。

皮下および深部の筋膜層は、①切開端の皮下から肉様膜を含む軟部組織、②左右精巣を摘出した孔の正中皮下軟部組織、③対側切開端の皮下から肉様膜を含む軟部組織の順に運針し縫合する（図2-19）。

縫合は単純結節縫合でも単純連続縫合でもどちらでもよい。正中皮下軟部組織を深く取りすぎると、不慮の尿道結紮を引き起こす可能性があるので注意する。

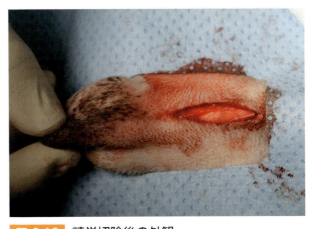

図 2-18　精巣切除後の外観
両側精巣を切除し、総鞘膜を陰嚢内に収めた。

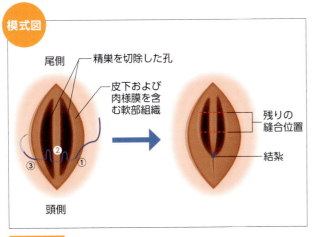

図 2-19　皮下の縫合
4-0ポリジオキサノンモノフィラメント糸で皮下正中軟部組織を単純結節縫合している。

皮下でもう1層閉鎖するか（図2-20）、皮膚を単純結節縫合で閉鎖する（図2-21）。

1歳齢前後の精巣摘出術であれば、術後の陰嚢は自然に退縮するが、高齢犬の場合、術後の陰嚢はそのままの大きさであることが多い。通常は美容上の問題だけであり、生活には影響しない。

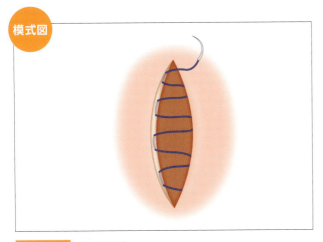

図 2-20　皮内縫合
4-0ポリジオキサノンモノフィラメント糸で皮内を単純連続縫合している。

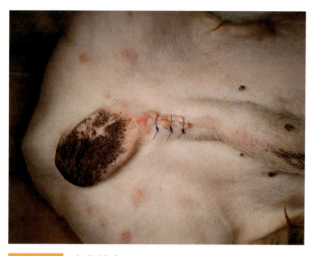

図 2-21 皮膚縫合
皮膚を4-0ナイロンモノフィラメント糸で単純結節縫合し、終了。

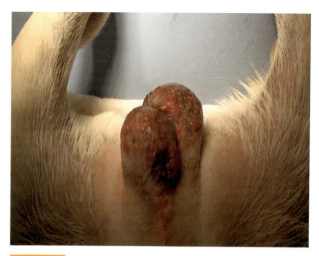

図 2-22 犬の去勢手術（通し）

https://e-lephant.tv/ad/2003783/

陰嚢切開での精巣摘出術

　生後2〜5カ月齢の若齢犬で精巣摘出を行う場合、精巣を陰嚢前皮下に押し出そうとする際に、鼠径部に滑り込む傾向がある[5]。このような場合は、陰嚢切開での精巣摘出や陰嚢切除などの代替法を検討する。

　一般に高齢犬で陰嚢切開での精巣摘出を使用すると、合併症のリスクが高いと考えられている。しかし、生後6カ月齢を超える保護犬の陰嚢前切開での精巣摘出と、陰嚢切開での精巣摘出を比較した最近の研究では、陰嚢切開での精巣摘出は従来の陰嚢前切開での精巣摘出と比較して、手術時間が大幅に短く、術後24時間での自傷行為の発生率が低いことが報告されている[10]。

　伏臥位で陰嚢尾側を切開するのは、会陰ヘルニア手術時に同時に精巣摘出を行う場合などが挙げられる。この場合、症例はジャックナイフ位に保定され、術者は症例の尾側に立つ。陰嚢上の尾側正中を切開する。精巣摘出の操作手順は陰嚢前切開法と同様であるが、精巣はその解剖学的位置から、頭側へは牽引しやすいが尾側へは牽引しにくいため注意する。合併症は陰嚢前切開と同様であり、切開創の炎症が4％、陰嚢の腫大が2％とされている[11]。

術後管理・傷の評価

　最も重篤な合併症は、血管の結紮不全による腹腔内出血である。そのため、手術直後〜数時間は症例の意識状態や可視粘膜の色調、心拍の確認、術創の観察を行う。異常が確認されたらCBCによる貧血の確認や循環血液量の評価、および腹部超音波検査を行う。腹部超音波検査では、とくに膀胱周囲を観察することにより液体貯留が特定しやすく、腹腔内出血に早期に気付くことが可能となる[12]。

　手術後、5〜10日間は散歩を軽めにするなど、行動を制限する。切開創を舐めることを防止するために、症例にはエリザベスカラーを装着する。手術後、切開部においては、分泌物、腫脹の増大、不快感、発赤の増大、陰嚢の腫大がないかどうかを観察する。抗菌薬は感染微候がなければ術後は必要ない。術後10日〜2週間程度で抜糸を行う。

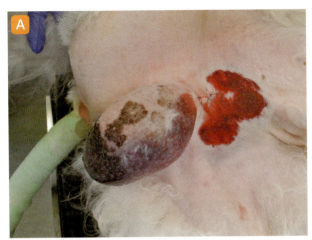
術直後の陰囊と切開部。既に皮下出血がみられている。

術後2時間程度。皮下出血がさらに進行している。

図 2-23 術後合併症：皮下出血

合併症とその対応

出血

　腹腔内出血が確認された場合、まずは症例の循環状態を評価し、循環血液量減少性ショックに陥っていないかどうかを確認する。循環が保たれていれば、下腹部正中切開で開腹し、膀胱を反転すると前立腺につながる精管が確認される。切断部位は鼡径輪付近に存在しているはずであるため、精管をたどっていき、精管に並走する血管切断部を特定する。出血部を再度しっかり2糸結紮する。腹腔内を滅菌生理食塩液で洗浄し、他に出血がないことを確認する。閉創は定法通り行う。

　術後の出血部位の多くは総鞘膜からの出血が多いため、自然と止まることが多い。しかし、切開部からの出血が皮下血腫、および陰囊血腫を引き起こす可能性がある（図2-23）。陰囊血腫は、精巣摘出術を受けた218頭の動物のうち、9頭で発生したと報告されているが、血腫になっても来院しなかった症例がいる可能性があり全体的な発生率は不明である[13]。

　軽度の陰囊血腫形成の初期治療には、術後すぐの活動を最小限に抑えるための寒冷療法（アイシング：4時間ごとに10分間）と鎮静を行う。重度の陰囊血腫を呈した犬では、壊死となることがあるため、陰囊切除も検討する[8]。

　精巣切除後の陰囊浮腫、血腫形成、および美容上のリスクを回避するために、健康な高齢犬では予防的な陰囊切除を検討するのも選択技の一つである。

尿道の医原性損傷

　尿道の医原性損傷は、切開と縫合の際に起こりえる。尿道を誤って切開、または切断した場合、尿が皮下に漏出・貯留する。この診断には超音波検査や尿道の逆行性陽性造影X線検査、貯留液の採取を行う。

　犬では尿腹の診断において、次の基準のいずれかを使用する。貯留液を末梢血と比較し、①クレアチニンの滲出液濃度が正常血清の4倍を超えている、②滲出液と血清クレアチニンの比が2：1より大きく、滲出液と血清カリウムの比が1.4：1より大きい。①と②の両方の基準を満たした場合、この検査は尿腹の診断において100％の感度と特異性を示しており、尿の皮下漏出についても十分に適応できる[14]。早期の発見であれば切開部の縫合、吻合が可能かもしれないが、術後の狭窄、壊死による離開などが懸念される。切開部端がすでに壊死を起こしている場合は、陰囊を切除し、陰囊部での尿道造瘻術が適応される[14]。

　縫合による医原性損傷も起こりうる。閉創時に針を深くかけすぎると、尿道ごと結紮してしまう恐れがあるので注意する。術後に尿が出ているかどうかを確認し、損傷した可能性がある場合は、尿道カテーテルを挿入するなどして疎通性を確認する。

飼い主へのインフォーム・注意点

　精巣摘出術の目的としては、望まない妊娠を防ぐこと、病気の予防、治療が挙げられる。中性化手術を受

けた犬は、受けていない犬に比較し寿命が長いとの報告もある[15,16]。

上述の合併症の可能性を伝えたうえで、飼い主が気にすることの多いトピックスについて以下に解説する。

肥　満

中性化手術を受けると太りやすくなる。これは、飼い主としても気になる点の一つであり、犬では中性化手術の影響があるとする複数の報告がある[17-19]。雌についての報告が多いが、雄でもその傾向があるとされる[18]。

肥満になる要因としては、エストロゲンには食欲の抑制効果があるため、中性化手術により食欲が増加する一方で、中性化手術により1日のエネルギー必要量は低下することが挙げられている。精巣摘出術が肥満を引き起こすかについては情報が足りないため、飼い主へのインフォームは、食事管理をしっかりしないと肥満につながる可能性がある程度に留めておくのがよいだろう。

ホルモン反応性尿失禁

尿道括約筋機能不全（Urethral sphincter mechanism incompetence：USMI）は、成犬の雌犬における尿失禁の最も一般的な原因であり、避妊手術を受けた雌犬の5～20％が罹患していると推定されている[2,3,6,7,20]。雄犬全体におけるUSMIの正確な有病率は不明だが、犬の尿失禁に関する報告では、成犬の雄犬は320件中9件だった[21]。雄犬における病因と病態はまだ解明されていないが、尿道長が短いこと、膀胱尾側の位置、去勢したかなど、多くの危険因子が示されている[22-24]。

一方で、雄犬において去勢手術の有無は尿失禁に影響しなかったとの報告もあり[25]、不明な点も多い。飼い主には、雌犬に比較し頻度は少ないものの、尿失禁が一定数起こる可能性があることを伝えるほうがよいだろう。尿失禁がみられた場合は、その他の尿失禁を起こす疾患を除外した上で、ホルモン薬の投与などで対処する。

性格の変化

精巣摘出術を受けると攻撃性が弱まり性格がおとなしくなるとされているが、これを肯定する明確な証拠はない[26]。とくにすでに攻撃性のある症例は、精巣摘出による攻撃性の減弱効果は低いと予想される。一方、マーキング排尿やマウンティングを抑える一定の効果は期待できるが、全例で効果がでるわけではない[27]。

その他、病気の予防（前立腺疾患、肛門周囲腺腫、会陰ヘルニアなど）、病気の治療（先天性異常、精巣または精巣上体の異常、陰嚢腫瘍、外傷または膿瘍、鼡径部陰嚢ヘルニア縫合術、陰嚢尿道瘻造設術、てんかんの制御、内分泌異常の制御など）については第1章と第5章および成書を参照されたい。

おわりに

精巣摘出術は多くの病院で日常的に行われている手術であり、飼い主にとっても犬を飼うと同時に実施を考える手術である。だからこそ当然失敗は許されないうえ、高いクオリティが求められ、病院の評判にも影響する。本稿が多くの臨床獣医師にとって、明日からの手術の一助となることを願う。

【参考文献】

1. Benitez, M. E.(2018): Principles and use of energy sources in small animal surgery: electrosurgery and laser applications. In: Veterinary surgery small animal vol.1(Johnston, S. A., Tobias, K. N. eds.), 2nd ed., p.205, Elsevier.

2. Mayhew, P. D., Freeman, L., Kwan, T., et al.(2012): Comparison of surgical site infection rates in clean and clean-contaminated wounds in dogs and cats after minimally invasive versus open surgery: 179 cases (2007-2008). J. Am. Vet. Med. Assoc., 240(2):193-198.

3. Coolman, B. R., Marretta, S., M., Kakoma. I., et al. (1998): Cutaneous antimicrobial preparation prior to intravenous catheterization in healthy dogs: Clinical, microbiological, and histopathological evaluation. Can. Vet. J., 39:(12):757-763.

4. Larson, E., Morton, H.(1991): Chapter11 Alchols. In: Disinfection, Sterilization and preservation(Block, S. S. ed.)., 4th ed., pp.642-654, Lea and Febiger.

5. Larson, E.(1988): Guideline for use of topical antimicrobial agents., Am. J. Infect. Control, 16(6):253-266.

6. Larson, E. L.(1995): APIC guideline for handwashing and hand antisepsis in health care settings. Am. J. Infect. Control, 23(4):251-269.

7. Marchionatti, E., Constant, C., Steiner, A.(2022): Preoperative skin asepsis protocols using chlorhexidine versus povidone-iodine in veterinary surgery: A systemic review and meta-analysis. Vet. surg., 51(5):744-752.

8. Adin, C. A.(2011): Complications of ovariohysterectomy and orchiectomy in companion animals. Vet. Clin. North Am. Small Anim. Pract., 41(5):1023-1039

9. Towle-Millard, H. A.(2018): Chapter 111 Teses, Epididymides, and Scrotum. In: Veterinary Surgery: Small Animal(Johnston, S. A., Tobias, K. M. eds.), 2nd ed., pp. 2142-2157, Elsevier.

10. Woodruff, K., Bushby, P. A., Rigdon-Brestle, K., et al.(2015): Scrotal castration versus prescrotal castration in dogs. Vet. Med., 110:131-135.

11. Snell, W. L., Orsher, R. J., Larenza-Menzies, M. P., et al.(2015): Comparison of caudal and pre-scrotal castration for management of perineal hernia in dogs between 2004-2014. N. Z. Vet. J., 63(5):272-275.

12. Boysen, S. R., Rozanski, E. A., Tidwell, A. S., et al.(2004): Evaluation of a focused assessment with sonography for trauma protocol to detect free abdominal fluid in dogs involved in motor vehicle accidents. J. Am. Vet. Med. Assoc., 225(8):1198-1204.

13. Pollari, F. L., Bonnett, B. N., Bamsey, S. C., et al.(1996): Postoperative complications of elective surgeries in dogs and cats determined by examining electronic and paper medical records. J. Am. Vet. Med. Assoc., 208(11):1882-1886.

14. Jones, S. A., Levy, N. A., Pitt, K. A.(2020): Iatrogenic Urethral Trauma During Routine Prescrotal Orchiectomy in a Dog. Top. Comp. Anim. Med., 40:100435.

15. Kraft, W.(1998): Geriatrics in canine and feline internal medicine. Eur. J. Med. Res., 3(1-2):31-41.

16. Greer, K. A., Canterberry, S. C., Murphy, K. E.(2007): Statistical analysis regarding the effects of height and weight on life span of the domestic dog. Res. Vet. Sci., 82(2):208-214.

17. Houpt, K. A., Coren, B., Hintz, H. F., et al.(1979): Effect of sex and reproductive status on sucrose preference, food intake, and body weight of dogs. J. Am. Vet. Med. Assoc., 174(10):1083-1085.

18. Edney, A. T., Smith, P. M.(1986): Study of obesity in dogs visiting veterinary practices in the United Kingdom. Vet. Rec., 118(14):391-396.

19. Jeusette, I., Detilleux, J., Cuvelier, C., et al.(2004): Ad libitum feeding following ovariectomy in female Beagle dogs: effect on maintenance energy requirement and on blood metabolites. J. Anim. Physiol. Anim. Nutr (Berl)., 88(3-4):117-121.

20. Bednarski, R. M.(2015): Anesthesia and analgesia for domestic species. In: Vet Anesthesia and Analgesia(Grimm, K. A., Lamont, L. A., Tranquilli, W. J. eds.), 5th ed., p.821, WILEY Blackwell.

21. Holt, P. E.(1990): Urinary incontinence in dogs and cats. Vet. Rec., 127(14):347-350.

22. Aaron, A., Eggleton, K., Power, C., et al.(1996): Urethral sphincter mechanism incompetence in male dogs: a retrospective analysis of 54 cases. Vet. Rec., 139(22):542-546.

23. Coit, V. A., Gibson, I. F., Evans, N. P., et al.(2008): Neutering affects urinary bladder function by different mechanisms in male and female dogs. Eur. J. Pharmacol., 584(1):153-158.

24. Power, S. C., Eggleton, K. E., Aaron, A. J., et al.(1998): Urethral sphincter mechanism incompetence in the male dog: importance of bladder neck position, prox-imalurethrallengthand castration. J. Small Anim. Pract., 39(2):69-72.

25. Hall, J. L., Owen, L., Riddell, A., et al.(2019): Urinary incontinence in male dogs under primary veterinary care in England: prevalence and risk factors. J. Small Anim. Pract., 60(2): 86-95.

26. Farhoody, P., Mallawaarachchi, I., Tarwater, P. M., et al.(2018): Aggression toward Familiar People, Strangers, and Conspecifics in Gonadectomized and Intact Dogs. Front. Vet. Sci., 5:18.

27. Neilson, J. C., Eckstein, R. A., Hart, B. L.(1997): Effects of castration on problem behaviors in male dogs with reference to age and duration of behavior. J. Am. Vet. Med. Assoc., 211(2):180-182.

第3章

猫の去勢手術（開放式）

猫の去勢手術（開放式）

はじめに

猫の去勢手術は多くの獣医師にとって、初めての外科手術となる基本的な手術である。主に不妊（生殖能力の喪失）が目的であるが、その他にも攻撃行動やスプレー行動などの問題行動に対しての治療として施すこともある。

去勢手術には、切開・切離、剥離、結紮、縫合などの外科手術の基本手技が含まれている。よって、一般外科手術を行う前に、まずは猫の去勢手術により、これらの手術手技を常日頃から磨くことが大切である。

本稿では、習得しておくべき猫の去勢手術について豊富な画像、動画を交えてわかりやすく解説する。

手術を行う前に

外科解剖の知識（図3-1〜3-3）

猫の去勢手術を実施するにあたっては、外科解剖の知識を押さえておかなければならない。とくに理解しておく必要があるのは犬との相違点であり、そのポイントを図3-1に列挙する。

術前検査

猫の去勢手術の多くは、性成熟前の若齢猫で行われ

るため、重大な疾患がある可能性は低いとの考えのもと、術前検査を実施せずに手術を行っている施設もあると思われる。しかし、奇形や先天性疾患などが隠れている可能性があるため、術前検査を行うに越したことはない。

筆者は猫の去勢手術前には、少なくとも身体検査、血液検査、胸部X線検査を実施している。身体検査では、潜在精巣や口蓋裂（図3-4）、心疾患や鎖肛などの先天性疾患、乳歯遺残の有無を確認する。血液検査ではCBC、NH_3を含めた血液化学検査、血液凝固検査を実施している。胸部X線検査では心臓や肺の評価に加え、漏斗胸、先天性心嚢横隔膜ヘルニア、食道裂孔ヘルニアなどの有無を確認している（図3-5）。

術前準備

器 具

犬の去勢手術の場合に準じる（第2章を参照）。

保 定

動物を仰臥位・後肢を頭側に牽引した状態で保定する（図3-6）。猫の陰嚢は肛門腹側にあるため、後肢を頭側に牽引することで陰嚢へのアプローチが容易になる。

- 陰嚢は肛門腹側の会陰部（陰茎の直後）に存在し、密生した被毛に覆われている。
- 精管膨大部は認められず、副生殖器として前立腺と尿道球腺が存在する。
- 陰茎は非勃起時では尾側を向いている。亀頭は短い陰茎骨（約0.5 cm）と陰茎棘（Penile spines）を備えており、勃起時は陰茎棘が放射状に広がる。この陰茎棘は去勢後6週間以内に退化する。
- 性成熟は約9カ月である[1]。
- 精巣下降は生後20日前後で完了するとされている[2]。
- 猫の潜在精巣の発生率は1.7〜1.9％と報告されている[3,4]。
- 猫の潜在精巣は鼠径部の皮下に多く、左右差は認められない[5]。
- 猫の潜在精巣は両側よりも片側での発生のほうが多い[3]。
- 猫では潜在精巣が精巣腫瘍の危険因子とはならない[3]。
- 猫での精巣腫瘍の発生はまれである[6]。

図 3-1 猫の外科解剖の特徴（犬と異なる点）

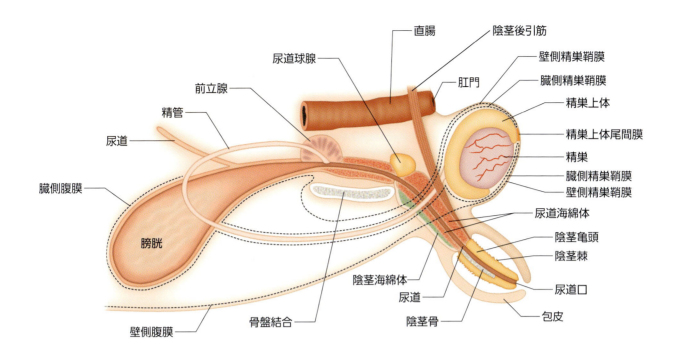

図 3-2　猫の雄性生殖器（文献7、8より引用、改変）

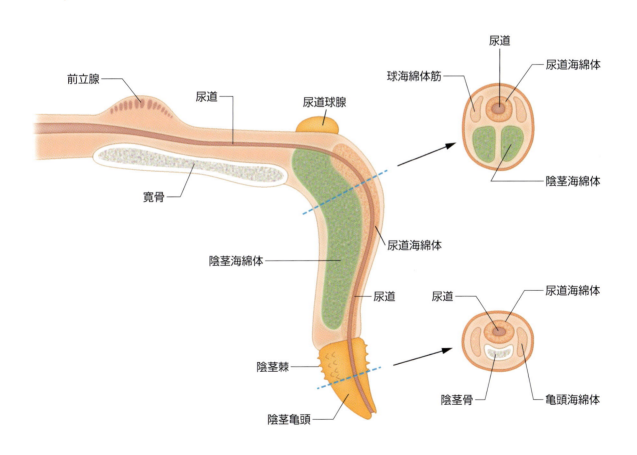

図 3-3　猫の陰茎（矢状断面）（文献9より引用、改変）

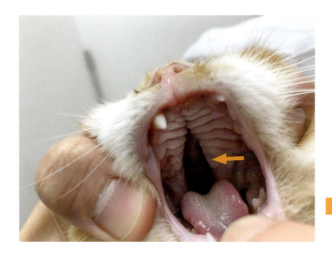

図 3-4	口蓋裂（先天性疾患）
	上顎に口蓋裂を認める（→）。若齢動物に麻酔をかける前は、先天性疾患がないかどうかを確認する。

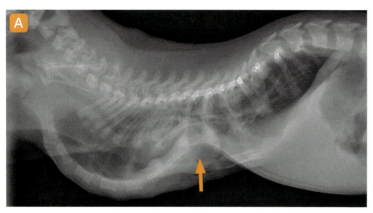

雑種猫、1カ月齢、未去勢雄、体重600 g。漏斗胸で胸骨が陥没しており、心臓が偏位している（→）。

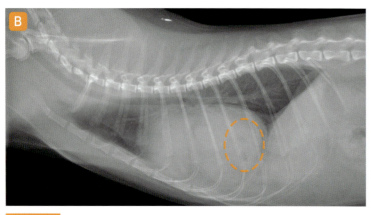

雑種猫、7カ月齢、未去勢雄。心陰影の拡大と、心膜内のガス陰影（◌）が認められる。先天性心嚢横隔膜ヘルニアを疑う。

図 3-5	若齢猫の胸部X線検査の例
	麻酔下で呼吸や循環動態に変動が出る可能性があるため、先天性疾患の有無を事前に確認しておく。

毛刈り

猫の去勢手術は陰嚢切開アプローチにより行うため、麻酔導入後、陰嚢の毛刈りを行う。陰嚢の皮膚は薄いため、毛をクリッパーで刈ろうとすると傷つけやすい。そのため、用手または鉗子を用いて毛を抜くことが多い（図3-7）。毛刈りは、基本的には麻酔導入し、不動化が得られてから行う。

消 毒

毛刈りが終わったら、術野の消毒に移る。術野消毒には禁忌でなければ、アルコールベースの消毒薬を使用する。筆者は泡立てたクロルヘキシジングルコン酸塩（1〜4％）の溶液で洗浄し、拭き取った後にアルコールスプレーを噴霧して術野の消毒をしている。

周術期管理

麻酔や周術期管理については、第1章を参照してほ

図 3-6 去勢手術時のポジショニング
後肢を頭側に牽引して保定すると、陰嚢（ ）へのアプローチが容易になる。

毛刈り　　　　　　　　　　　　　　毛刈り後

図 3-7 陰嚢の毛刈り（用手）
猫の陰嚢の皮は薄いため、爪を立てて毛抜きをすると、皮までつかんでしまって陰嚢の皮膚が赤くなることがあるので注意する。

しい。ここでは、筆者の施設での方法を述べる。

　猫の去勢手術は短時間の処置になる。そのため、イソフルランなどの麻酔維持薬を用いずに、麻酔導入薬のみで済ませることが多く、多剤併用筋肉注射麻酔が選択されることが多い。薬剤の組み合わせや投与量はさまざまであるが、麻酔薬、オピオイド、α_2アドレナリン受容体作動薬などを組み合わせるのが一般的である[10]。筆者はケタミン（5 mg/kg）またはアルファキサロン（2 mg/kg）とメデトミジン（20 μg/kg）を組み合わせて筋肉内投与することが多い。メデトミジンによる催吐作用を抑制するためにマロピタント（1 mg/kg 静脈内投与もしくは皮下投与）を併用し、術後鎮痛薬としてメロキシカム（0.3 mg/kg 皮下投与）などのNSAIDsの投与と、局所麻酔であるリドカイン（2 mg/kg）の精巣内ブロックあるいは術後の皮膚浸潤ブロックを実施している。

　若齢猫の去勢手術は手術創分類のclassI/清潔に分類され、かつ短時間の処置（1時間以内）である。そのような場合は術後感染予防抗菌薬（Antimicrobial prophylaxis：AMP）の投与は原則必要ない[11]。詳細は第1章をご参照いただきたい。

術 式

術野の準備

ドレープをかけて、陰嚢だけを露出した状態にする（図3-8）。ドレープはタオル鉗子で固定する。

図 3-8 ドレーピング
陰嚢のみを露出して、陰嚢の左右をタオル鉗子で固定する。

切皮部位

猫は、陰茎と陰嚢の間が非常に狭い。そのため、開放式の精巣摘出術では、陰嚢皮膚を切開する。陰嚢皮膚の切開は陰嚢縫線1カ所を切開する方法（青点線）と、精巣直上の陰嚢を左右2カ所で切開する方法（赤点線）がある（図3-9）。どちらの方法でも構わないが、陰嚢縫線付近には尿道が走行しており、陰嚢皮膚切開時に尿道を損傷しないよう注意が必要なため、筆者は陰嚢中隔（陰嚢縫線）に平行で、陰嚢中隔と陰嚢外側面の中点を2カ所縦方向に切開する方法を好んでいる。

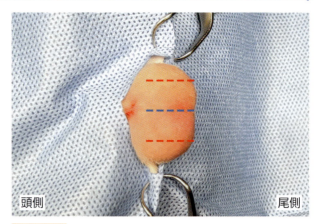

図 3-9 陰嚢の切皮部位
（-----）は、精巣直上の陰嚢皮膚を左右2カ所で切開する方法での切皮予定ラインを示す。（-----）は陰嚢縫線1カ所を切開する場合での切皮予定ラインを示す。

切 皮

陰嚢皮膚を切開するときは、左手で陰嚢基部を軽く圧迫し、精巣を押し上げて陰嚢にテンションをかけた状態のまま、精巣直上の陰嚢皮膚をNo.15のメス刃で切開する（図3-10）。

メス刃で切開するときは、左手で陰嚢にしっかりテンションをかけることが重要である。テンションをしっかりかけることで、陰嚢皮膚を切開しやすくなる。

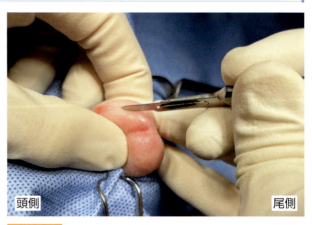

図 3-10 切 皮
No.15のメス刃で陰嚢皮膚を実際に切開しているところ。このとき、左手で軽く精巣を押し上げて、陰嚢にテンションをかけた状態で切開する。
画像提供：今井有紀先生（いなにわ動物クリニック）

総鞘膜の切開

切皮したら皮下組織を剥離して、総鞘膜に包まれた精巣を指で押し出すようにして露出する（図3-11-A）。猫では肉様膜は解剖図に記載されておらず、総鞘膜は犬より薄い。総鞘膜ごと精巣を引き出すと、術後に陰嚢が炎症を起こし、腫れる可能性がある。そのため、総鞘膜はなるべく精巣が皮下にある状態で、No.15のメス刃もしくは電気メスで切開する（図3-11-B）。

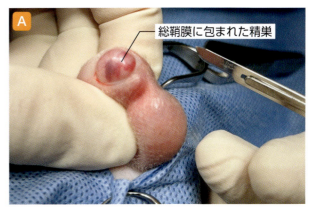

総鞘膜を露出したところ。

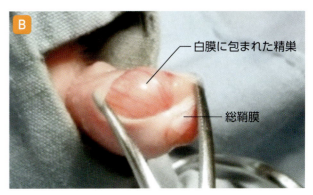

総鞘膜の切開後。

図 3-11 総鞘膜の切開前後

Tips

総鞘膜を切開する際、勢い余って白膜を損傷しないように注意する。白膜まで切開すると、精巣実質が露出してしまう（➡）。精巣実質が露出しないように、注意して切開する。

メス刃で総鞘膜を切開するときは、切皮のときと同様に、左手でしっかりテンションかけることが重要である。テンションをしっかりかけることで、メスに強い力をかけて切開する必要がなくなるため、白膜まで損傷するリスクを下げられる。また、電気メスで総鞘膜を切開するときは、切れ味のよいCUT（切開）モードではなく、COAG（凝固）モードを用いると、白膜を損傷しにくい。

白膜を損傷して精巣実質が露出・出血した場合は、露出した精巣実質をガーゼなどで包んで、術創が血液などで汚れないようにする。さらに、精巣動静脈を素早く結紮して止血する。

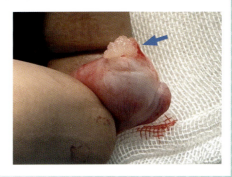

精巣と間膜の処置

精巣の引き出し

総鞘膜を切開したら、精巣を引き出す（図3-12）。

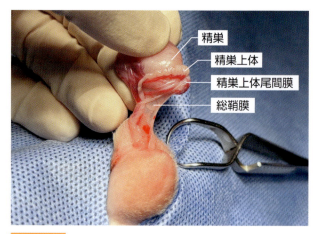

図 3-12 精巣の引き出し
精巣を引き出してきたところ。

精巣間膜の分離

引き出した精巣をアリス鉗子または用手で把持した後、精巣間膜を穿孔し、精索側と総鞘膜側に分離する（図3-13）。

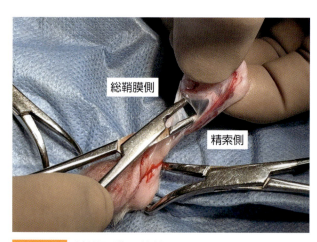

図 3-13 精巣間膜の分離
精巣間膜をモスキート鉗子で穿孔し、精索側と総鞘膜側に分離する。

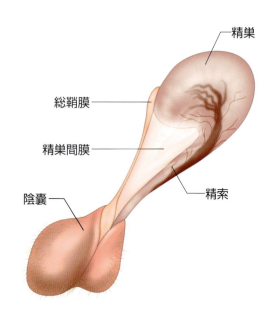

精巣上体尾間膜の剥離

総鞘膜と精巣上体の付着部である精巣上体尾間膜を確認する。精巣上体尾間膜をモスキート鉗子で把持して鈍性にゆっくり剥離し、精巣を遊離する（図3-14）。

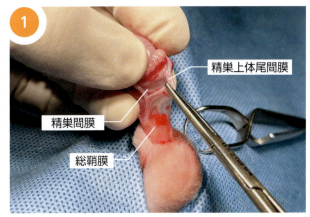

精巣上体尾間膜をモスキート鉗子でつかんだところ。

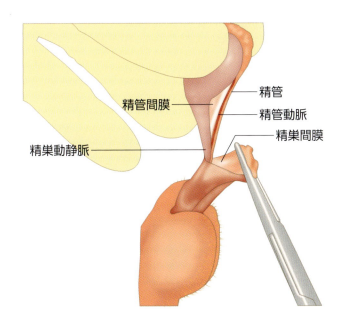

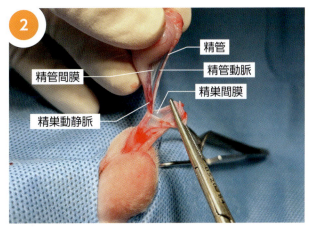

精巣上体尾間膜を剥離して、精巣を遊離する。剥離後、モスキート鉗子でそのまま総鞘膜を把持しておく。

図 3-14　精巣上体尾間膜の剥離

血管と精管の結紮

血管と精管の確認

精巣をゆっくり牽引して、精巣動静脈、精管動脈、精管を確認する（図3-15）。

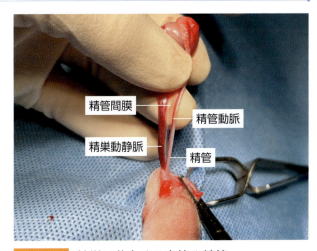

図 3-15　精巣に分布する血管や精管
画像提供：今井有紀先生（いなにわ動物クリニック）

精巣動静脈と精管の分離

それぞれの構造物を確実に結紮するため、モスキート鉗子で、精巣動静脈と精管の間にある精管間膜を鈍性に切開する（図3-16）。

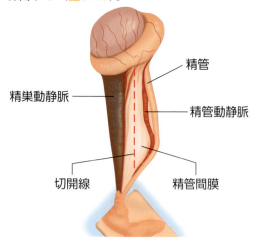

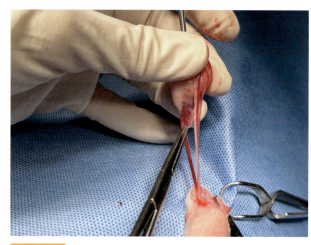

図 3-16　精巣動静脈と精管の分離
精管間膜を鈍性に切開し、精巣動静脈と精管を分離する。

三鉗子法

精巣を軽く牽引した状態で、精巣動静脈、精管と精管動脈に、近位から3本のモスキート鉗子をかける（三鉗子法）（図3-17）。

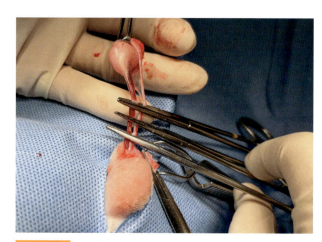

図 3-17　三鉗子法
モスキート鉗子をかけて、血管や精管を挫滅する。

結　紮

鉗圧した部位を最近位から順に、モノフィラメント吸収糸（4-0もしくは3-0）で結紮していく（図3-18）。

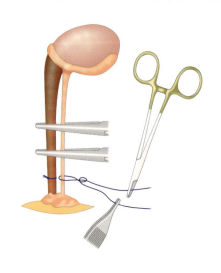

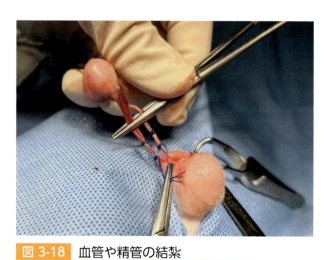

図 3-18　血管や精管の結紮
鉗子で挫滅した部位を、モノフィラメント吸収糸（4-0）で近位から順に結紮していく。

Tips

　鉗圧し、挫滅したところを結紮することで、結紮を確実にする。締め込む力が強いストラングルノットで、精巣動静脈と精管・精管動脈を別々に結紮することを推奨する（図3-19）。

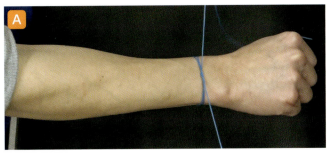

https://e-lephant.tv/ad/2003784/

外科結紮とストラングルノットの比較。動画は1回目が外科結紮で、2回目がストラングルノット。ストラングルノットのほうが外科結紮に比べて、締め付け力が強いことがわかる。

図 3-19　ストラングルノット

ストラングルノットの模式図。締め付ける力が強い結紮法。血管を結紮するときは、基本的にストラングルノットで結紮する。

精巣の摘出と血管・精管の還納

精巣の摘出

　鉗子をかけた3カ所すべてを結紮するのが基本であるが、生体側に最低2カ所結紮を行ったら、最も遠位となる箇所（摘出側）は必ずしも結紮する必要はない。生体側に2カ所の結紮部位を残したまま、メッツェンバウム剪刀で精管と精巣動静脈を切断して精巣を摘出する（図3-20）。

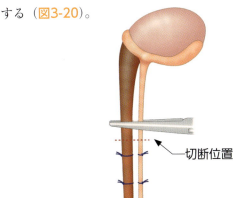

切断位置

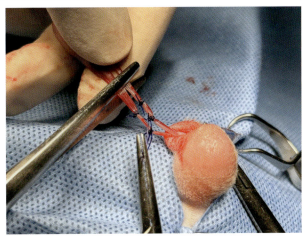

図 3-20　精巣摘出
近位2カ所を結紮した後に、精管と精巣動静脈をそれぞれ切断して精巣を摘出する。

Tips

　最も遠位側となる箇所（摘出側）を結紮しなかった場合は、摘出側に溜まった血が出血するのを防ぐため、精巣動静脈と精管に鉗子などをかけておかなければならない（図3-20では鉗子の代わりに用手で精巣動静脈と精管を把持している）。なお、血管の結紮にあたっては、生体側に残す最近位から結紮すべきである。というのも、遠位側を結紮している途中に血管を損傷してしまった場合は出血を引き起こすほか、血管が切断された場合は腹腔内に血管が引き込まれて腹腔内出血となるリスクがあるからである。

止血の確認

切断した精巣動静脈と精管動脈からの出血がないかどうかを必ず確認する。出血の有無を確認する前に精巣動静脈が腹腔内に引き込まれないように、最近位の結紮糸は短く切らず、鉗子などで保持しておくとよい（図3-21）。

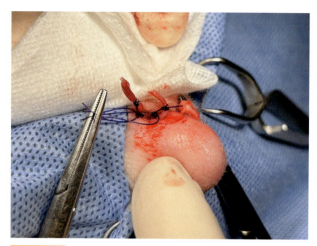

図 3-21 鉗子による糸の保持
血管や精管が腹腔内に引き込まれないように、近位の糸は長めにして、鉗子などで保持しておく。

血管と精管の還納

出血がないことを確認したら、最近位の結紮糸を短く切って、総鞘膜内に収納する（図3-22）。

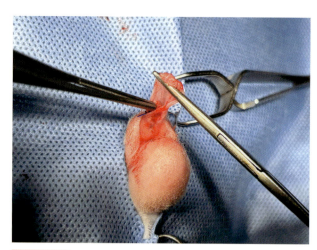

図 3-22 血管と精管の還納
出血がないことを確認したら、最近位の結紮糸を短く切断して、総鞘膜内に血管・精管を収納する。

閉　創

総鞘膜を陰嚢内に収める。反対側も同様にして精巣を摘出する。精巣を摘出することで、陰嚢が収縮して切開創も縮んでいく。そのため、切開創を手で合わせて軽く圧迫しておくと、10～14日かけて創部が自然に癒合する。切開創を縫合しないで終了する（図3-23）。

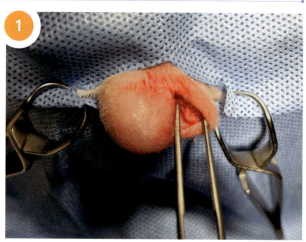

①
総鞘膜を陰嚢内に収める。

図 3-23 閉　創　　　　　　　　　（次ページにつづく）

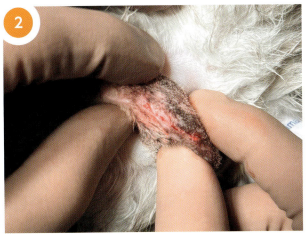
切開創を手で合わせて、軽く圧迫する。

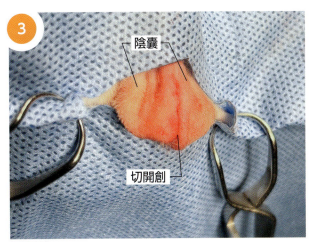
圧迫直後。

図 3-23 閉　創（つづき）
猫では陰嚢を縫合しないで終了とする。

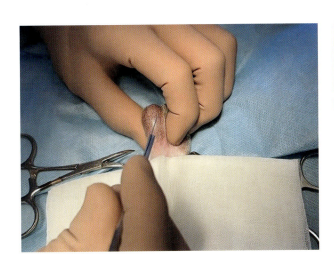

動画で
わかる

https://e-lephant.tv/ad/2003785/

図 3-24 猫の去勢手術（通し）
猫の場合は血管が細いため、三鉗子法を採用せず、動画のように血管を直接結紮することが多い。血管の結紮はストラングルノットで行う。

Column 2　猫の去勢では、なぜ皮膚を縫わない!?

　多くの成書に、「猫の去勢手術では、皮膚を縫合しない」と記載されている。この根拠を探してみた。複数の成書をひっくりかえしたところ、『Current Techniques in Small Animal Surgery 第3版』を翻訳した、『小動物外科臨床の実際Ⅲ[12]』に、「陰嚢皮膚上の切開創創縁を、モスキート鉗子の先端で開閉することにより広げてやる。その理由は十分な排液を妨げるような切開創におけるフィブリン沈着を創口の拡大によって予防しうることによる」*とあった。つまり、皮下の出血が術後ある程度続くことを想定し、創部をあえて縫合しないことで排液を促してフィブリン沈着を抑え、感染につながりうる血腫や漿液腫を防止しようとしたと考えられる。この記載は、現行版である第5版にも引き継がれている[13]。

　止血デバイスを用いれば血管を即時に焼絡できるため、止血デバイスが発達した今日において、このような病態に配慮する必要はないと考えるが、実際に閉創しないことによるトラブルがあるわけでもないので、縫合しないという一見不自然な手技が定着したのではないだろうか。

　外科は歴史が古く、遠い昔から続けられている手技も少なくない。外科の奥深さを感じ、先人に畏敬を感じるとともに、必要に応じて再検証していくことも必要だなと思う。ただし、猫の去勢で皮膚を縫わないことに関しては、私も先人をひきついで今後も縫わないことにする。

＊鉗子を開閉して創部を広げる手技は、筆者は実施していない。

縫合糸を使わない結紮法

　猫の去勢では縫合糸を使わない方法も報告されているが、筆者は血管を確実に結紮できる縫合糸結紮法を好んで行っている。参考までに縫合糸を使わない方法を以下に示す。縫合糸を節約できる、縫合糸による異物反応を防げることがメリットである。一般的には8の字結紮法の方が確実に結紮できるといわれているが、手技的にはオーバーハンド法の方が簡易的である。

8の字結紮法／オーバーハンド法（図3-25〜3-27）

　モスキート鉗子に精索（精巣動静脈と精管）を巻きつけて結び目を形成し、精巣を切除した後に、結び目を結紮する方法。モスキート鉗子を外したときに、精索から出血がないかどうかを必ず確認してから陰嚢内に収める。

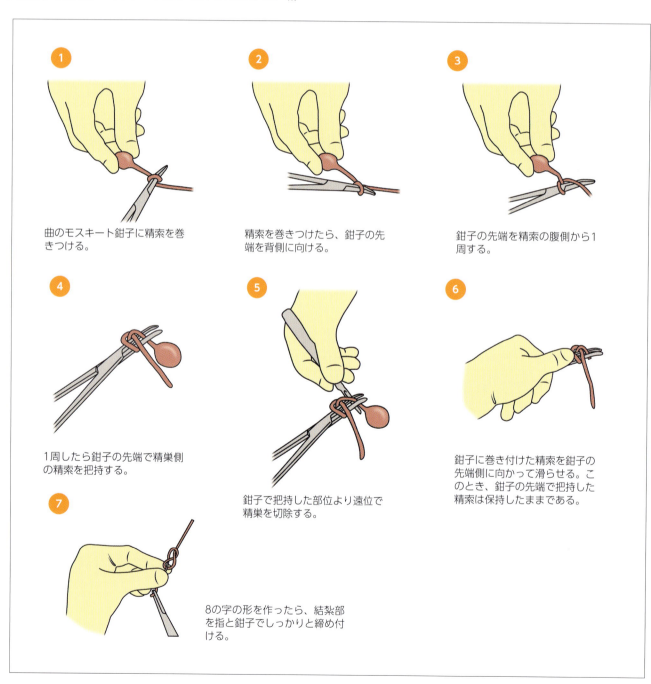

図 3-25　8の字結紮法（文献14より引用、改変）

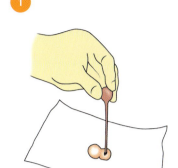
精巣、精索を総鞘膜から牽引する。

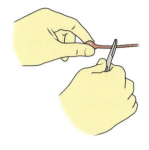
曲のモスキート鉗子を用いるとよい。

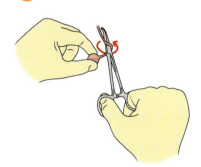
鉗子に精索を巻きつける。

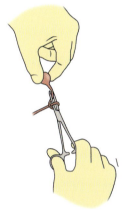
鉗子の先端で精巣側の精索を把持する。

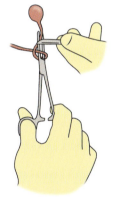
鉗子で把持した部位より遠位で、精索を切断して精巣を摘出する。

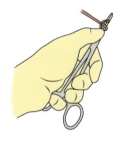
巻き付けている精索を鉗子の先端側へ滑らせる。

精索を鉗子と指でしっかり締め、鉗子を外す。

図 3-26　オーバーハンド法①（文献14より引用、改変）

猫の去勢手術（開放式）

61

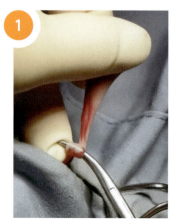
①曲のモスキート鉗子に精索を巻きつける。

②鉗子の先端で精巣側の精索を把持する。

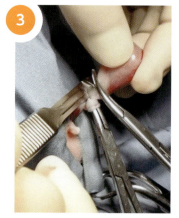
③鉗子で把持した部位より遠位で、精索を切断して精巣を摘出する。

④巻き付けている精索を鉗子の先端側へ滑らせる。

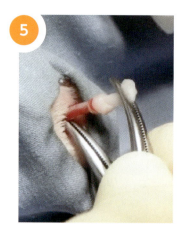
⑤精索を鉗子と指でしっかり締め、鉗子を外す。

図 3-27　オーバーハンド法②
実際の症例での術中写真。画像提供：村端健臣先生（安藝動物病院）

精管と血管の結紮法（図3-28、3-29）

　精管と精巣動静脈を外科結びまたは男結び（スクエアノット）で4～6回程度結紮する。結紮時に結び目を強く締めようとすると、結び目が生体内に滑り込んでしまい結紮が緩んでしまう可能性があるため、慣れが必要である。

https://e-lephant.tv/ad/2003786/
動画提供：松館祥子先生（アイリスD&Cクリニック）

図 3-28　精巣動静脈と精管による結紮①

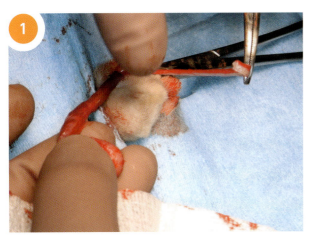
精管と精巣動静脈を分離する。

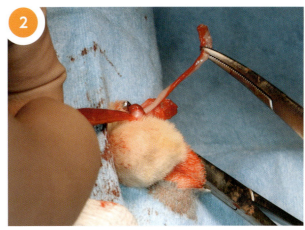
精管と精巣動静脈をスクエアノットで結紮する。

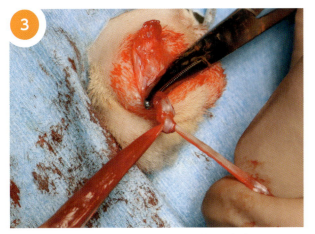
結紮部が腹腔内に引き込まれないように、鉗子で保持しておく。

図 3-29　精巣動静脈と精管による結紮②

術後管理

　手術直後に術創周囲の出血痕などをヒビテンなどで清拭する。術後3～7日間は術創の感染を予防するために運動制限し（屋外に出さない。他の猫との接触を控えるなど）、猫トイレの砂をペーパーペレットなどに変更する。

　術後管理で大事なことは、術創を舐めさせないことである。陰嚢の術創を舐めることで、感染、腫脹、陰嚢血腫、出血などの合併症の発生率が高くなる。術創を直接保護することは解剖学的に難しいため、エリザベスカラーを装着することで自己外傷を抑制する。術創は多くの場合、術後10～14日には癒合している。

　再出血に関しては、術後24時間程度はよく観察する。術後は術創付近からの出血の有無やTPR（体温、心拍数、呼吸数）などを定期的に確認しておくとよい。術創に違和感、発赤、腫脹、疼痛、熱感などが認められた場合は、NSAIDs、オピオイド（例：ブプレノルフィン）またはオピオイド類似薬（例：トラマドール）などの鎮痛薬を処方する。

合併症とその対応

再出血

　再出血に関しては、術後24時間以内に起こることが多い。しかし、術後36～48時間の遅発性再出血が、卵巣摘出術または去勢手術を受けたレーシンググレイハウンドの26％で報告されているため、安全を期して術後2～3日は安静にさせる[15]。

　再出血の多くは、皮下組織や総鞘膜の血管から認められる。皮下組織や総鞘膜からのジワジワ出るような出血に関しては圧迫止血で対応する。興奮させると止血しづらくなるため、必要があれば鎮静薬の投与も考慮する。

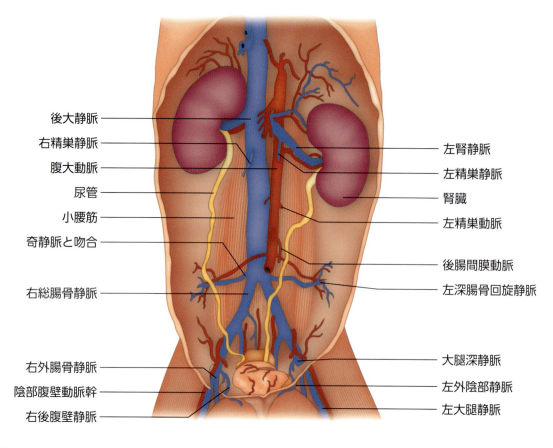

図 3-30 後大静脈とその主な分枝腹側観（文献16より引用、改変）
左性線静脈は左腎静脈に排出してから後大静脈に合流する。右性線静脈は直接、後大静脈に合流する。

　最も問題となる再出血は、精巣動静脈の結紮の破綻によるものである。精巣動静脈の結紮不全・破綻が腹腔外で起これば見つけやすいが、結紮部が腹腔内に引き込まれた後に破綻した場合は、腹腔内出血となり検出が遅れる可能性がある。よって、術後に元気消失、意識レベルの低下、可視粘膜蒼白、毛細血管再充満時間（CRT）の延長、心拍数の上昇、血圧の低下などが認められた場合は、腹腔内出血を疑い腹部超音波検査で確認する。

　腹腔内出血が認められた場合、試験開腹して出血点を探索し、止血する。必要に応じて輸血を実施する。このとき、精巣動静脈の血管分布についての外科解剖を理解しておくことが、出血点を探査するうえで必須となる。精巣への血液供給として第4-5腰椎付近の腹大動脈から分枝する精巣動脈が分布している。また、精巣静脈は右側では後大静脈に直接流入し、左側では左腎静脈に合流してから後大静脈に流入する（図3-30）。

陰嚢浮腫・血腫

　猫での発生はまれである。自己外傷がなければ、術後の腫脹や陰嚢浮腫・血腫は時間の経過とともに改善するため、経過観察とすることが多い。

筆者が経験した特殊な合併症とその対応

尿管閉塞

　筆者は、手術時に精管を引っ張り過ぎたことで、精管が尿管を圧迫し閉塞を起こしたと思われる症例（猫）に遭遇したことがある（図3-31）。まれな症例と考えられるが、若齢去勢雄で尿管閉塞がみられた場合は、識別診断の一つに挙げておくとよい[17]。

　精巣上体から出て鼡径管を通った精管は、尿管頭側を通って尾側に向きを変え、前立腺に達する（図3-32）。そのため、去勢手術で精巣動静脈や精管の結紮時に過度に牽引すると、精管が尿道を閉塞させる可能性がある（図3-33）。実際、図3-31の症例は開腹下で精管を切断することで尿管閉塞が解除され、水腎症が改善した。

　また、犬においては尿管部分閉塞を2週間以内に開放すると腎機能の回復が期待されることから[18]、猫においても尿管閉塞が疑われた場合は早期に試験開腹し、閉塞した尿管を開放すべきである。これらのこ

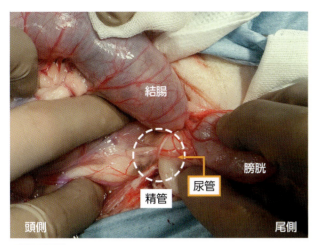

図 3-31 精管による尿管閉塞
尿管の腹側を精管が通過しており、精管が過度に牽引させられた結果、尿管を圧迫している（⸺）。

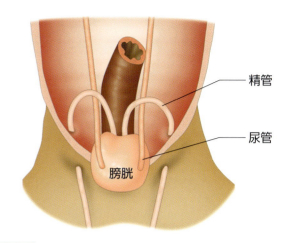

図 3-32 雄猫の泌尿生殖器：精管と尿管の位置
精管は尿管をまたいでから前立腺に流入している。

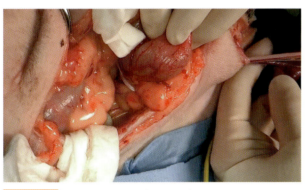

図 3-33 精管による尿管の圧迫
開腹して腹腔内側から、精索を牽引したときに精管が尿管をどのくらい圧迫するかを確認した。

動画でわかる

https://e-lephant.tv/ad/2003787/
動画提供：藤田 淳先生（公益財団法人 日本小動物医療センター）

とから、去勢後は尿管閉塞が生じる可能性を考慮し、2週間以内に1回、腹部超音波検査で腎盂の状態を確認するとよいと考えられる。

飼い主へのインフォーム

猫の去勢手術を実施するにあたって、飼い主にインフォームすべき要点を以下にまとめた。疾患との関連については第1章も参照してほしい。

・手術は全身麻酔下で行われる。一般的な猫の不妊手術（避妊・去勢）に関する全身麻酔リスクは、死亡率は0.14％、重篤な合併症発生率は0.34％である[19]。
・手術合併症として、切開創の腫脹・陰嚢血腫や再出血などが挙げられる[20]。

・去勢手術後はテストステロン喪失による代謝率の低下、食欲増進、テリトリー意識や運動量が低下するため、肥満になりやすい。とくに猫では、肥満は糖尿病発症の重大なリスク因子とされているため、術後は食事指導・食事制限（摂取カロリーを約10～20％減量するなどの対策）を行う必要がある。
・雄猫のスプレー行動はアンドロゲンによる影響といわれているため、去勢手術による抑制効果は高いと思われるが[21]、去勢とスプレー行動には関連性がないという報告もあるため[22]、いまだに議論がある。
・猫では去勢手術を行うことで、喧嘩などによる咬傷が少なくなり、間接的に猫免疫不全ウイルス（FIV）や猫白血病ウイルス（FeLV）の感染リスクを低下させることもできる。

おわりに

猫の去勢手術は最も基本的な外科手術の一つであるが、外科解剖を理解し、一つひとつの手技を丁寧に行わなければ、重大な合併症（出血、尿管閉塞など）を引き起こしかねない。本稿では、去勢手術がスムーズに行えるように、なるべく詳細に解剖や手技、コツ・ポイントを説明したつもりである。本稿が明日からの先生方の診療に少しでもお役に立てれば幸いである。

【参考文献】

1. England, G. C. W.(2012): 雄の生理学と内分泌学. In: BSAVA 小動物の繁殖と新生子マニュアル 第二版, 津曲茂久 監, pp.15-25, 学窓社.

2. Sinowatz, F.(2014): 尿生殖器系の発生. In: カラーアトラス 動物発生学(Hyttel, P., Sinowatz, F., Vejlsted, M. eds.), 山本雅子, 谷口和美 監訳, pp.273-308, 緑書房.

3. Millis, D. L., Hauptman, J. G., Johnson, C. A., et al.(1992): Cryptorchidism and monorchism in cats: 25 cases (1980-1989). J. Am. Vet. Med. Assoc., 200(8):1128-1130.

4. Yates, D., Hayes, G., Heffernan, M., et al.(2003): Incidence of cryptorchidism in dogs and cats. Vet. Rec., 152(16):502-504.

5. Lipowitz, A. J., Schwartz, A., Wilson, G. P., et al.(1973):Testicular neoplasms and concomitant clinical changes in the dog. J. Am. Vet. Med. Assoc., 163(12):1364-1368.

6. Miller, M. A., Hartnett, S. E., Ramos-Vara, J. A., et al.(2007): Interstitial Cell Tumor and Sertoli Cell Tumor in the Testis of a Cat. Vet. Pathol., 44(3):394-397.

7. König, H. E., Liebich, H-G.(2016): 雄性生殖器. In: カラーアトラス獣医解剖学増補改訂第2版 上巻, カラーアトラス獣医解剖学編集委員会 監訳, pp.449-466, 緑書房.

8. 渡邊一弘(2021): 第1章 去勢術・避妊術. In: イラストを読む！犬と猫の臨床外科 一次診療 いますぐできる手術法, p.2, EDUWARD Press.

9. Dyce, K. M., Sack, W. O., Wensing, C. J. G.(1998): 食肉目の骨盤と生殖器. In: 獣医解剖学 第二版, 山内昭二, 杉村允, 西田隆雄 監訳, pp.389-404, 近代出版.

10. Armstrong, T., Wagner, M. C., Cheema, J., et al.(2018): Assessing analgesia equivalence and appetite following alfaxalone- or ketamine-based injectable anesthesia for feline castration as an example of enhanced recovery after surgery. J. Feline Med. and Surg., 20(2):73-82.

11. Stetter, J., Boge, G. S., Grönlund, U., et al.(2021): Risk factors for surgical site infection associated with clean surgical procedures in dogs. Res. Vet. Sci., 136:616-621.

12. Crane S. W.(1991): 犬と猫における精巣および停留精巣（睾丸）の摘出術. In: 小動物の外科臨床の実際Ⅲ, 加藤元, 藤永徹 監訳, p.407, 興仁舎.

13. Crane, S. W.(2014): Castration of the cat. In: Current Techniques in Small Animal Surgery(Bojrab, M. J., Waldron, D. R., Toombs, J. P. eds.), 5th ed., p.544, Teton NewMedia.

14. Towle Milard, H. A.(2018): Chapter 111 Testes, Epididymides, and Scrotum. In: Veterinary Surgery: Small Animal(Johnston, S. A., Tobias, K. M. eds.), 2nd ed., pp.2142-2157, Elsevier.

15. Lara-Garcia, A., Couto, C. G., Iazbik, M. C., et al.(2008): Postoperative bleeding in retired racing greyhounds. J. Vet. Intern. Med., 22(3):525-533.

16. Evans, H. E., Christensen, G. C.(1985): 第12章 静脈. 新版改定増補 犬の解剖学(Evans, H. E., Christensen, G. C. eds.), 望月公子 監訳, p.608, 学窓社.

17. Lee, N., Choi, M., Keh, S., et al.(2014):Bilateral congenital ureteral strictures in a young cat. Can. Vet. J., 55(9):841-844.

18. Leahy, A. L., Ryan, P. C., McEntee, G. M., et al.(1989): Renal injury and recovery in partial ureteric obstruction. J. Urol., 142(1):199-203.

19. Pollari, F. L., Bonnett, B. N.(1996):Evaluation of postoperative complications following elective surgeries of dogs and cats at private practices using computer records. Can. Vet. J., 37(11):672-678.

20. Lipowitz, A. J.(1996):Chapter15: Urogenitial Surgery. In: Complications in small animal surgery, pp. 508-510, Williams & Wilkins.

21. Porters, N., Polis, I., Moons, C., et al.(2014):Prepubertal gonadectomy in cats: different surgical techniques and comparison with gonadectomy at traditional age. Vet. Rec., 175(9):223.

22. Spain, C. V., Scarlett, J. M., Houpt, K. A., et al.(2004): Long-term risks and benefits of early-age gonadectomy in cats. J. Am. Vet. Med. Assoc., 224(3):372-379.

第4章

精巣の奇形

精巣の奇形

はじめに

犬・猫において、潜在精巣は日常の臨床現場で比較的よく遭遇する疾患であり、基本的に外科的治療が推奨されるため、手術の機会も多いと考えられる。ただし、通常の去勢手術に慣れてきた頃の若い外科医にとっては、精巣の正確な位置の把握や開腹手術下での手技など、診断および手術においてまだ不安に感じる部分も多いかと思われる。本稿がその情報整理の一助となれば幸いである。また、精巣の奇形はまれな疾患であるが、だからこそ適切な診断が重要であるため、併せて参考にしていただきたい。

精巣の奇形の定義

犬・猫において報告がある精巣の奇形には単精巣、無精巣、潜在精巣がある。

単精巣とは左右2つのうち片方の精巣が存在しないことであり、無精巣とは左右両方の精巣が存在しないことである。

潜在精巣は、片方または両方の精巣が陰嚢内に下降していない状態である。精巣の位置（腹腔内、鼠径部皮下、陰嚢前皮下）、罹患した精巣の数（片側性、両側性）および罹患側（右側、左側、両側）によって分類される。

病態生理、予後

単精巣／無精巣

単精巣／無精巣の原因としては、先天的な欠損、あるいは胎児発育中の血管障害による臓器萎縮が考えられる。先天的な欠損とは、つまり胎生期からまったく精巣組織が発生しないことを指す。一方、血管障害による臓器萎縮とは、胎生期には精巣が存在するが、妊娠子宮への外傷や精索捻転などによって精巣への血流が障害されることにより、精巣組織が変性消失することである。ヒトにおいては後者がおもな原因であると考えられている[1,2]。ただし、犬・猫における単精巣／無精巣の報告は数が少なく[3-5]、詳細については不明な点が多い。

単精巣では、精巣が陰嚢内に正常に下降していれば生殖能力は維持されるが、無精巣では精巣組織が存在しないため生殖能力を欠く。

潜在精巣

精巣は、胎生期には腎臓の尾側縁近くに位置し、精巣導帯と呼ばれる陰嚢との線維性結合がある。発生が進むにつれて精巣導帯が尾側に精巣を牽引することで、精巣は鼠径管を通って陰嚢内に下降する（図4-1）。出生前後の雄では精巣のライディッヒ細胞で産生される一種のホルモン（リラキシン様因子、インスリン様因子3）とそのレセプターが、精巣の腎臓尾側縁から鼠径管までの移動を媒介するとされているが[8]、鼠径管から陰嚢内への移動はテストステロンが関与している。

潜在精巣の原因は完全には明らかになっていないが、精巣導帯の機能不全、精巣の異常な成長などにより精巣が正常に下降しない場合に潜在精巣となると考えられる。陰嚢内に下降する正確なタイミングは個体差があるが、猫では出生前に起こる[9]。一方、犬においては、ビーグル犬および雑種犬の研究によると、生後30～40日で精巣は陰嚢内に完全に下降する[7]。しかし、生後6カ月まで下降が遅れる可能性があるため[9]、潜在精巣の最終診断は生後6カ月まで待つことが推奨される。

犬や猫の潜在精巣は、両側性よりも片側性の発生が多い[3,10-12]。犬の潜在精巣では左右に差がないという報告が多いが、右側の発生が多いという報告もある[3,10-15]。犬における潜在精巣の発生率は1.2～12.9％[10,11,15-17]である。純血種は雑種よりも罹患率が高く、チワワ、ミニチュア・シュナウザー、ポメラニアン、プードル、シェットランド・シープドッグ、シベリアン・ハスキー、ヨークシャー・テリアなどの犬種で好発する[13,18]。一方、猫での発生率は1.3～3.8％と報告されており、左右差は認めず、ペルシャで発生が多い[3,12,15]。

犬・猫において遺伝性の関与が疑われており、犬では単一の常染色体伴性劣性遺伝子の可能性が示唆されている[19,20]。Gubbelsらは12種の純血犬種11,230匹のデータから、少なくとも片方の潜在精巣を持つ親の交配では、子の潜在精巣の発生割合が高くなると報告した[21]。

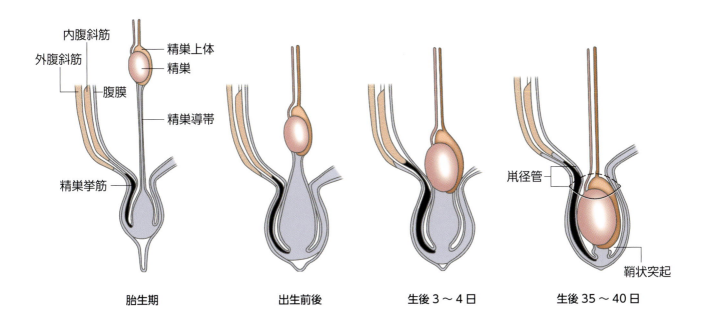

図 4-1　犬の精巣下降 (文献6、7より引用、改変)

　両側性潜在精巣では熱によって精子形成が抑制され、生殖能力は失われる。しかし、テストステロンは存在するため、猫の陰茎棘（図4-2）などの二次性徴が正常に認められる[11,12]。片側性潜在精巣では生殖能力をもつが、正常な場合と比較して生殖能力は低下する。テストステロン濃度、性欲、精液量、精子量、および精子の運動性が減少し、異常精子や未熟な精子の数は増加する[11]。

　潜在精巣に関連した続発疾患として、犬では腫瘍性変化や精索捻転、猫では尿の連続散布がある。犬において報告されている潜在精巣の腫瘍性変化の発生率は9.2〜13.6％[18,22,23]で、陰囊内に下降している精巣の腫瘍発生率と比較して約13倍高い[22]。一方で、猫の潜在精巣と精巣腫瘍や精索捻転との発症率との関連についてはわかっていない[3]。犬の潜在精巣ではセルトリ細胞腫や精上皮腫の発生割合が高まると考えられており、セルトリ細胞腫ではエストロゲン過剰分泌による脱毛や乳腺肥大などの雌性化がみられることがある[24]（第5章参照）。

　精索捻転は腹腔内の潜在精巣で発生する可能性があり、腹痛などの臨床徴候を呈することがある。

　潜在精巣の犬・猫では他の先天性異常を併発する可

図 4-2　雄猫の陰茎棘
包皮から陰茎を露出したところ。陰茎の根元の粘膜にある突起が、陰茎棘である。

能性があり、犬においては股関節形成不全、膝蓋骨脱臼、陰茎および包皮の欠損、臍および鼠径ヘルニアを併発する割合が高いことが指摘されている[18]。猫では、膝蓋骨脱臼、尻尾の短縮またはよじれ、ファロー四徴症、足根骨変形、小眼球症、上眼瞼形成不全の併発が報告されている[3,12]。

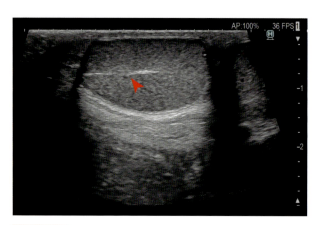

図 4-3　正常な犬の精巣の超音波画像
精巣実質内はやや低エコー源性であり、内部に実質より高エコー源性の精巣縦隔（▶）がみえる。

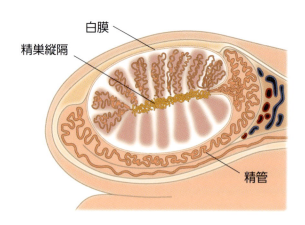

図 4-4　犬の精巣内の構造（文献26より引用、改変）

診　断

　生後6カ月を過ぎた犬・猫において、陰囊内に精巣が認められない場合に、単精巣／無精巣や潜在精巣などの精巣奇形を疑う。ただし、精巣奇形において単精巣／無精巣は非常にまれな疾患であるため、まずは潜在精巣を疑い、各種検査において鑑別することが重要である。

　単精巣／無精巣は過去に精巣摘出術の歴がなく、各種検査により潜在精巣が除外された場合に診断される。潜在精巣は続発疾患がなければ、通常は無症状である。犬では53.8 %の飼い主が精巣の異常に気づいて来院したが、猫では22.0 %しか飼い主に認識されていないと報告されている[15]。

触　診

　精巣奇形が疑われる犬・猫の触診では、まず患側の陰囊前部と鼠径管領域の皮下を触診する。陰囊前または鼠径部にある潜在精巣を触知できることがあるが、潜在精巣は萎縮して小さくなっていることが多く、鼠径部の脂肪やリンパ節と注意深く区別する必要がある。

超音波検査／CT検査

　犬・猫においては、厚い被毛や鼠径部の皮下脂肪により、触診のみで鼠径部や陰囊前の潜在精巣を見つけるのが難しいことがある。その場合は超音波検査が有用である。報告では超音波検査における潜在精巣の検出率は97.7 %（43個中42個）であった[25]。超音波検査で精巣はやや低エコー源性の精巣実質内に、やや高エコー源性の精巣縦隔がみえるのが特徴である（図4-3、4-4）。皮下に精巣を認めない場合は、腹腔内、とくに腎臓〜膀胱までの背側領域を探索する。それでも精巣の特定が困難な場合は、CT検査を実施する（図4-5〜4-8）。両側潜在精巣の場合、両方の精巣が同じ位置にあるとは限らないため、左右それぞれの位置を特定する必要がある。

血中テストステロン濃度測定

　無精巣や潜在精巣の診断法の一つに、血中テストステロン濃度測定がある。テストステロンは主に精巣から分泌される雄性ホルモンである。副腎からも分泌されるが微量であるため、血中テストステロン濃度測定は潜在精巣と無精巣を鑑別するために使用できる。

　血中テストステロン濃度は日内変動があるため、日内変動による影響を避けられるヒト絨毛性ゴナドトロピン（hCG）による刺激試験（表4-1）が望ましい。hCG投与後60分で、精巣をもつ雄の血中テストステロンレベルは急速に上昇する[27]。正常な雄犬あるいは雄猫であれば1〜5 ng/mLの間で日内変動するが、去勢済みあるいは無精巣の場合は0.1 ng/mL以下の低値となる。ヒトの両側性潜在精巣ではテストステロン分泌能が低値を示すことがある。犬・猫においても、テストステロンの高値は精巣の存在を示唆するが、低値が無精巣の確定診断にはならないことに注意する[28]。最終的にはCT検査や試験開腹による診断が必要となることがある。

　猫の場合、テストステロンに依存する陰茎棘は、通常は去勢後6週間以内に消失する。よって、陰茎棘の存在は精巣組織が残存していることを示唆する。

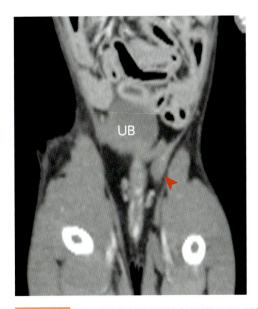

図 4-5	犬の鼠径部皮下潜在精巣のCT画像（冠状断面）

雑種犬、5カ月齢。門脈体循環シャント（PSS）を疑い、東京大学附属動物医療センター（以下、当院）を受診。PSSと同時に右側の鼠径部に潜在精巣を認めた。（▶）：精巣、UB：膀胱。

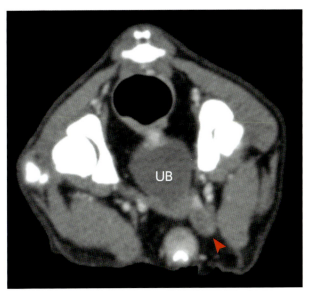

図 4-6	犬の鼠径部皮下潜在精巣のCT画像（横断面）

図4-5と同一症例。（▶）：精巣、UB：膀胱。

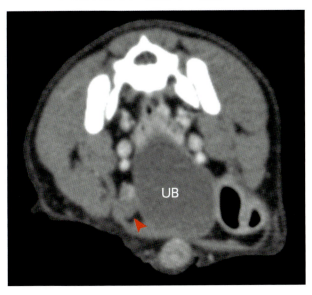

図 4-7	犬の腹腔内潜在精巣のCT画像（横断面）

図4-5と同一症例。左側の精巣（▶）は腹腔内に認められた。UB：膀胱。

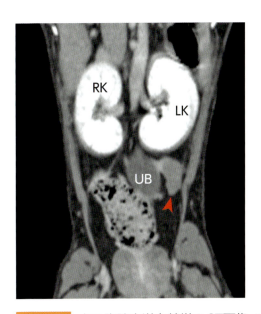

図 4-8	犬の腹腔内潜在精巣のCT画像（冠状断面）

パピヨン、4歳9カ月齢。発作を主訴に当院を受診し、壊死性髄膜脳炎と、両側の腹腔内に潜在精巣を認めた。（▶）：左側の精巣、LK：左腎、RK：右腎、UB：膀胱。

表 4-1	ヒト絨毛性ゴナドトロピン（hCG）刺激試験の手順

1	ベースラインの採血
2	hCG（50 IU/kg、筋肉内投与）
3	2時間後に採血

精巣の奇形

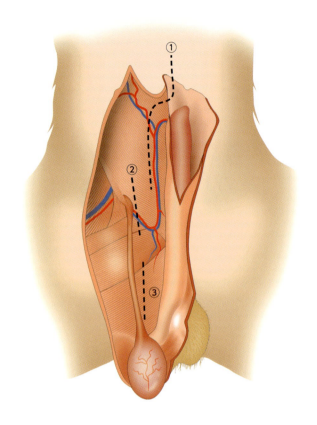

図 4-9	停留場所の違いによる切開線の位置（犬）
	（文献26より引用、改変）

精巣の停留場所によって切開線を変える。①腹腔内：尾側正中切開と傍正中切開。②鼠径部皮下：鼠径部切開。③陰嚢前皮下：触知される精巣上の皮膚を切開。

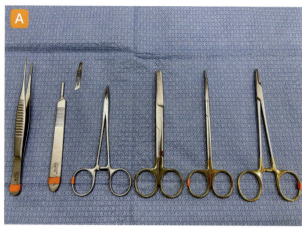

左からピンセット(ドベーキー鑷子)、メスハンドルとメス刃、モスキート鉗子(曲)、外科剪刀、メッツェンバウム剪刀、持針器。

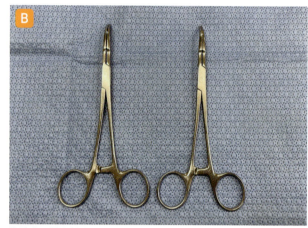

腹腔内の潜在精巣の場合には開腹手術となるため、腹膜鉗子があるとよい。

図 4-10	潜在精巣の手術に必要な器具

治療

　潜在精巣に対し、ヒトではhCGやテストステロン投与によるホルモン療法、潜在精巣を陰嚢内に引き下ろす精巣固定術などが試みられる。犬においても同様の報告[29,30]があるもののその数は少なく、潜在精巣を陰嚢内に下降させるための有効な治療法は現在のところ確立されていない。精巣固定術後の精子の形態・運動能に関しては報告が少なく、不明な点が多い[30,31]。潜在精巣は腫瘍化の可能性が高いことを考慮すると[22]、無治療で経過を観察することはあまり望ましくない。上述のとおり、潜在精巣の発生に遺伝的素因が示唆されていることから、罹患動物の繁殖は避けるべきであり、精巣固定術よりも両側精巣の外科的摘出が推奨される。

術前準備

縫合糸、器具、術野の準備

　潜在精巣の外科手術は精巣が腹腔内／鼠径部皮下／陰嚢前皮下のどの位置にあるかで切開位置が異なる（図4-9）。鼠径部皮下／陰嚢前皮下の潜在精巣の場合、術野の準備は通常の去勢手術と同様で構わない。全身麻酔下にて仰臥位にした後、皮下の精巣を改めて触診し、精巣直上で皮膚切開ができるようにその周囲を剃毛・消毒する。腹腔内の潜在精巣では、腹部正中切開にてアプローチできるよう臍頭側から恥骨前縁まで腹部を広く剃毛・消毒する。

　必要な外科器具や縫合糸は、鼠径部皮下／陰嚢前皮下の潜在精巣では通常の去勢手術に準じるが、腹腔内潜在精巣では開腹手術の準備が必要である（図4-10）。

術　式（犬）

鼠径部皮下／陰嚢前皮下潜在精巣の摘出術

切　皮

　鼠径部皮下と陰嚢前皮下の潜在精巣では、利き手とは逆の手で精巣を保持し、精巣直上をメスで皮膚切開する（図4-11）。

　皮下組織を切開・剥離すると、総鞘膜に包まれた精巣が確認される（図4-12）。

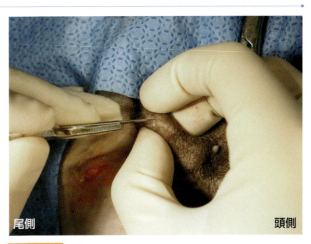

図 4-11　切　皮
皮下の精巣を利き手とは逆の手で把持し、精巣の直上をメスで切皮する。

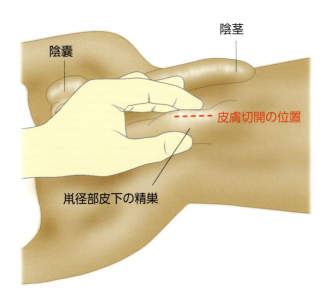

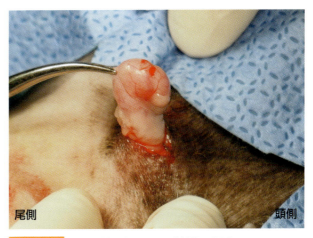

図 4-12　総鞘膜に包まれた精巣の露出
皮下組織を剥離し、総鞘膜に包まれた精巣を露出する。

総鞘膜の切開

　総鞘膜をメスで切開し、精巣を露出する（図4-13）。

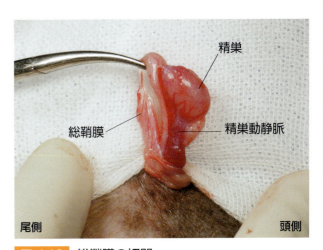

図 4-13　総鞘膜の切開
総鞘膜をメスで切開し、精巣を露出する。

精管と精巣動静脈の結紮、精巣摘出

精巣導帯を結紮して結紮の遠位でメスで離断する。もしくは精巣導帯をモノポーラ型電気メスにて離断する。精巣動静脈および精管はそれぞれ二重結紮し、結紮の遠位でメスで切断して精巣を摘出する（図4-14）。結紮にはモノフィラメント合成吸収糸（3-0/4-0）を用いる。

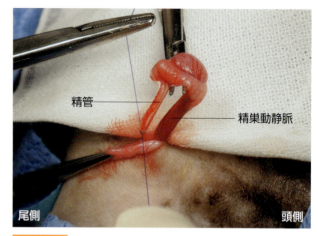

図 4-14　精管および精巣動静脈の結紮・切断
通常の精巣摘出術と同様に、精管および精巣動静脈を結紮・切断する。

鼠径輪が拡大している場合は、鼠径ヘルニア防止のため、鼠径輪の頭側を縫縮する（図4-15）。結紮にはモノフィラメント合成吸収糸／合成非吸収糸（2-0/3-0）を用いる。

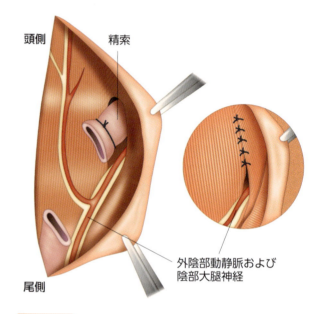

図 4-15　鼠径輪の頭側の縫縮（文献32より引用、改変）
鼠径輪が拡大している場合は、皮下の潜在精巣を切除した後に精索を腹腔内に還納し、鼠径輪の頭側を縫縮する。その際、鼠径輪を通る血管や神経を閉鎖しないように、鉗子の先端が通る程度の隙間を残しておく。

閉　創

3-0または4-0のモノフィラメント合成吸収糸を用いて皮内縫合を行い、術創を閉鎖する（図4-16）。皮膚は3-0または4-0の非吸収糸で縫合するか、スキンステープラーなどを用いてもよい。切開創が小さい（1〜2 cm程度）場合は皮内縫合を行わず、皮膚縫合だけで閉創することもあるが、その場合は非吸収糸での縫合が望ましいだろう。

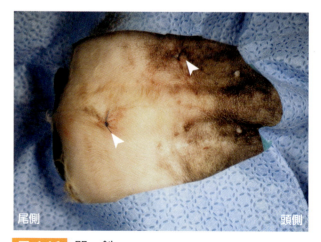

図 4-16　閉　創
皮下組織および皮膚を閉鎖する（▷）。本症例は右側が鼠径部皮下潜在精巣、左側が陰囊前皮下潜在精巣であった。

腹腔内潜在精巣の摘出術

腹腔内の解剖と動静脈の走行

　腹腔内潜在精巣の摘出にあたっては、腹腔内の動静脈の走行と周辺解剖を理解しておく必要がある。精巣動脈は左右ともに、腰部中央で腹大動脈から起こる。右精巣静脈は後大動脈に合流するが、左精巣静脈は通常は左腎静脈に入る。精管は前立腺から伸び、精巣動静脈と併走して鼠径管へと向かう（図4-17）。

　精巣はウォルフ管から、卵巣はミューラー管から発生するため、厳密には発生母体が異なるが、腹腔内の潜在精巣摘出術は卵巣子宮摘出術に似ている（図4-17、4-18）。

　卵巣子宮摘出術では卵巣頭側の卵巣提索に強いテンションがかかるが、潜在精巣では精巣導帯が尾側に付着し、鼠径管に向かって精巣を引っ張っている（図4-19）。潜在精巣摘出術の際は、まず、この精巣導帯を切断すると精巣の可動性が増し、腹腔内に牽引できる。

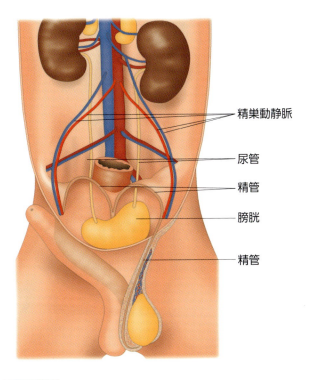

図 4-17　雄犬の生殖器（文献7より引用、改変）

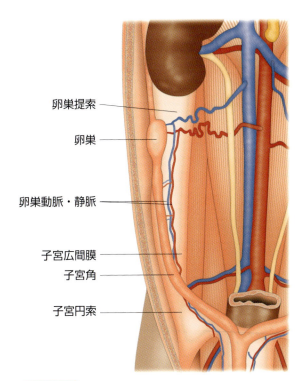

図 4-18　雌犬の生殖器（文献7より引用、改変）

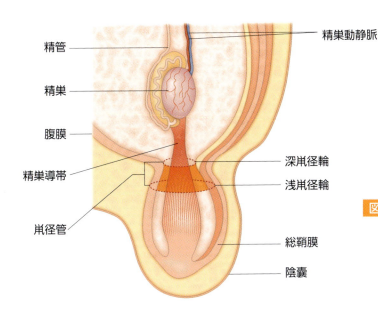

図 4-19　腹腔内潜在精巣（犬）（文献7より引用、改変）

腹部正中切開

症例を仰臥位に保定し、ドレーピングを行う。その際、陰茎は術野に出ないようにドレープの下にしまう。陰茎が術野に出る場合は包皮粘膜も消毒する。腹部正中から必要に応じて陰茎横の傍正中をメスで皮膚切開する（図4-20）。

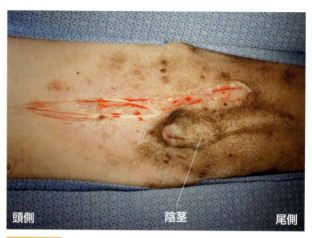

図 4-20　腹部正中切開①
臍レベルで正中切開を開始し、陰茎横まで切皮している。

皮下組織を剥離し、白線を露出する。メスにて白線を切開し開腹する（図4-21）。

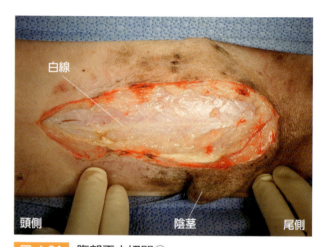

図 4-21　腹部正中切開②
白線を露出し、十分な視野が得られる範囲で開腹する。

精巣の探索

腎臓尾側から膀胱横の領域を用手にて探索し、精巣を探す。精巣が見つからない場合は膀胱を反転し、背側で前立腺に入る精管を確認する。前立腺から精管をたどると、精巣が見つかる（図4-22）。

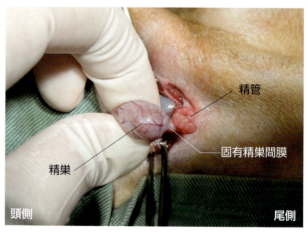

図 4-22　精巣の探索
腹腔内の潜在精巣（右側）を発見し、左手で精巣を把持しているところ。

精巣を見つけたら、優しく腹腔外へ牽引する（図4-23）。その際、用手でもよいが、深くて牽引が難しい場合は、曲のモスキート鉗子などで固有精巣間膜のあたりなどをつかむと（図4-23内▶）確実に把持でき、腹腔内に滑り落ちにくい。

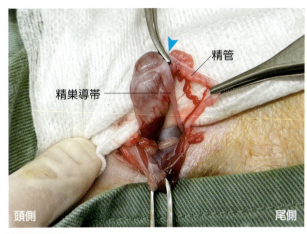

図 4-23 精巣の牽引
曲のモスキート鉗子で固有精巣間膜のあたりをつかみ（▶）、精巣を牽引している。

精巣導帯の切断

鼠径管へ向かう精巣導帯を、電気メスで切断する。雌の避妊手術で卵巣堤索と子宮広間膜を切開するのと同じ要領で、精巣導帯および精巣間膜を切開すると、精巣の可動性が増し、腹腔外へ牽引できる（図4-24）。

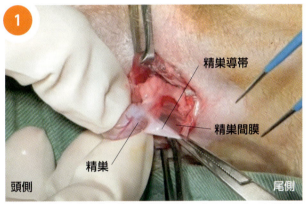

精巣の尾側から鼠径管に続く精巣導帯を、曲のモスキート鉗子で把持する。

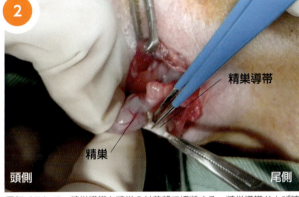

電気メスにて、精巣導帯を精巣の付着部で切断する。精巣導帯および精巣間膜を切断すると、精巣の可動性が増し腹腔外に牽引しやすくなる。

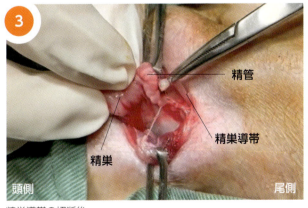

精巣導帯の切断後。

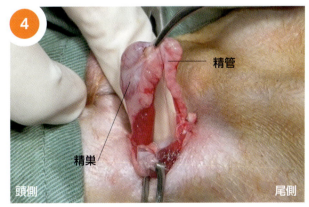

精巣を腹腔外に牽引したところ。

図 4-24 精巣導帯の切断

https://e-lephant.tv/ad/2003791/

精巣動静脈と精管の結紮、閉腹

　精巣動静脈と精管を確認し、通常の去勢手術と同様に結紮・切断する（図4-25）。

　症例の体の大きさに応じて、2-0～4-0モノフィラメント合成吸収糸で腹壁を縫合する（図4-26）。3-0または4-0のモノフィラメント合成吸収糸を用いて皮内縫合を行う。皮膚は3-0または4-0の非吸収糸か、スキンステープラーなどを用いて閉鎖する。

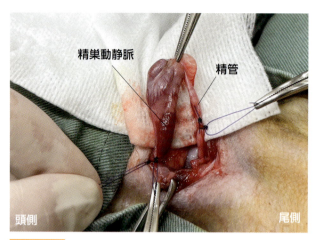

図 4-25 精巣動静脈と精管の結紮・切断
通常の去勢手術と同様に、精巣動静脈と精管をそれぞれ結紮・切断する。

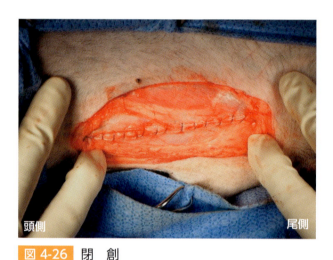

図 4-26 閉　創
止血を確認し、腹壁を閉鎖する。写真の症例では単純連続縫合で閉鎖を行っているが、単純結節縫合でもよい。

術後管理・評価

術後は出血および疼痛に関するモニタリングを行う。鼡径部術創の著しい腫脹や皮膚の紅斑は、出血が疑われる。腹腔内での出血は身体検査で気づきにくいため、超音波検査で腹水の有無を確認する。当院では、鼡径部皮下および陰嚢前皮下の潜在精巣の場合は、通常の精巣摘出術と同様にブプレノルフィンの静脈内投与による疼痛管理を行っている。また、腹腔内潜在精巣の場合は開腹術を必要とするため、ブプレノルフィンの静脈内投与とブピバカインによる傍脊椎ブロックの併用あるいは、フェンタニルおよびケタミンの持続点滴による疼痛管理を行うことが多い。疼痛管理に関しての詳細は、第1章のp.18～19をご参照いただきたい。

潜在精巣の摘出手術において、無菌操作の破綻がなければ予防的抗菌薬の投与は基本的に24時間以内に終了する。

合併症

術創の浮腫・漿液腫

とくに活動的な犬で、鼡径部皮下の潜在精巣摘出後に認められることが多い。軽度であれば自然に解消することもあるため、漿液腫は基本的には抜去しない。感染徴候があれば、穿刺し、細胞診を行う。

感染、裂開

必要であれば壊死組織をデブリードメントする。細菌培養検査を実施し、感受性試験に基づいた抗菌薬を投与する。

出　血

術後の出血は、陰嚢、鼡径部皮下の腫脹や内出血がみられる場合に疑われる。腹腔内で起こった場合は外貌からは気づかれにくく、対応が遅れると重篤化する可能性があるため、術後は腹腔内の超音波検査での評価が望ましい。腹腔内出血が認められる場合は、開腹にて出血点の止血、輸液療法や輸血療法を実施する。

尿管、尿道、血管の医原性損傷

創部の切開が小さすぎると潜在精巣の探索が盲目的となり、正常な解剖学的構造を認識しにくくなるため医原性損傷のリスクが増える。

皮下（陰嚢前、鼡径部）の潜在精巣の場合は、まず精巣と同程度の幅を切開するが、必要に応じて切開創を広げる。腹腔内潜在精巣の場合は、慣れていないうちは大きく開腹する方が視認性が高い。前立腺から精管をたどる方が確実であるため、下腹部にて開腹し、必要なだけ上腹の切開を広げる方がよいと考えられる。鼡径部の潜在精巣では尿道および鼡径部皮下の血管を誤って傷つけないよう注意が必要である。

尿道損傷を避けるため、必要であれば尿道カテーテルを設置する。正中で不用意に深く切り込むと尿道損傷の可能性があり、鼡径部では外陰部動静脈損傷の可能性がある。解剖学的位置関係を事前に確認し、広く切皮するなど視野の確保を優先する。また、腹腔内潜在精巣では、子宮釣り出し鉤をやみくもに深く挿入したり、腹腔内で大きく振ったりすると、尿管や腹腔内の血管を損傷する危険性があるため注意する。視野が限られるならば、やはり切開を広げて大きく開腹すべきである。

尿管・尿道の医原性損傷に続発して、腹膜炎や高窒素血症の可能性がある。一般状態の安定化の後に、速やかに再手術を実施する。

飼い主へのインフォーム・注意点

術後は抜糸までの間エリザベスカラーを着用し、創部の自傷を防ぐ。

精巣摘出後も数日間は精子が残存する場合があるので、術後10日程度は雌犬と隔離することが望ましい。

おわりに

冒頭でも述べたように、精巣の奇形、とくに潜在精巣は若い先生であっても比較的手術を実施することの多い疾患であるかと思われる。疾患の病態生理や解剖学的な知識が伴わない手術は、不要な傷や合併症を増やす原因となるため、精巣の奇形が疑われる症例に遭遇した場合は、ぜひ本稿を参考にしていただきたい。

【参考文献】

1. Lamesch, A. J.(1994): Monorchidism or unilateral anorchidism. *Langen- becks Arch. Chir.,* 379(2):105-108.

2. Miyata, I., Yoshikawa, H., Ikemoto, M., *et al.*(2007): Right testicular necrosis and left vanishing testis in a neonate. *J. Pediatr. Endocrinol. Metab.,* 20(3):449-454.

3. Millis, D. L., Hauptman, J. G., Johnson, C. A.(1992): Cryptorchidism and monorchism in cats: 25 cases (1980-1989). *J. Am. Vet. Med. Assoc.,* 200(8):1128-1130.

4. Burns, G., Petersen, N.(2008): Theriogenology Question of the Month. Unilateral anorchidism. *J. Am. Vet. Med. Assoc.,* 223(10):1553-1554.

5. Backhaus, S., Krauß, M.(2019): [Monorchism in a tomcat]. *Tierarztl. Prax. Ausg. K. Kleintiere Heimtiere.,* 47(3):202-208.

6. Heather, A., Towle, M.(2018): Testes, Epididymides, and Scrotum. In: Veterinary Surgery: Small Animal(Johnston, S. A., Tobias, K. M. eds.), 2nd ed., pp.2142-2157, Elsevier.

7. Evans, H. E., de Lahunta, A.(2020): The urogenital system In: Miller's Anatomy of the Dog(Hermanson, J. W., de Lahunta, A. eds.), 5th ed., pp.416-468, Elsevier.

8. Peter, A. T., Markwelder, D., Asem, E. K.(1993): Phenotypic feminization in a genetic male dog caused by nonfunctional androgen receptors. *Theriogenology,* 40(5):1093-1105.

9. Johnston, S. D., Root Kustritz, M. V., Olson, P. N.(2001): Sexual differentiation and normal anatomy of the dog. Sexual differentiation and normal anatomy of the tom cat. In: Canine and Feline Theriogenology, 1st ed., pp.275-497, WB Saunders.

10. Dunn, M. L., Foster, W. J., Goddard, K. M.(1968): Cryptorchidism in dogs: a clinical survey. *J. Am. Anim. Hosp. Assoc.,* 4:180-182.

11. Kawakami, E., Tsutsui, T., Yamada, Y., *et al.*(1984): Cryptorchidism in the dog: occurrence of cryptorchidism and semen quality in the cryptorchid dog. *Nippon Juigaku Zasshi.,* 46(3):303-308.

12. Richardson, E. F., Mullen, H.(1993): Cryptorchidism in cats. *Compend. Contin. Educ. Vet.,* 15:1342-1345.

13. Cox, V. S., Wallace, L. J., Jessen, C. R.(1978): An anatomic and genetic study of canine cryptorchidism. *Teratology,* 18(2):233-240.

14. Reif, J. S., Brodey, R. S.(1969): The relationship between cryptorchidism and canine testicular neoplasia. *J. Am. Vet. Med. Assoc.,* 155(12):2005-2010.

15. Yates, D., Hayes, G., Heffernan, M., *et al.*(2003): Incidence of cryptorchidism in dogs and cats. *Vet. Rec.,* 152(16):502-504.

16. Priester, W. A., Glass, A. G., Waggoner, N. S.(1970): Congenital defects in domesticated animals: general considerations. *Am. J. Vet. Res.,* 31(10):1871-1879.

17. Ruble, R. P., Hird, D. W.(1993): Congenital abnormalities in immature dogs from a pet store: 253 cases (1987-1988). *J. Am. Vet. Med. Assoc.,* 202(4):633-636.

18. Pendergrass, T. W., Hayes, H. M.(1975): Cryptorchidism and related defects in dogs: epidemiologic comparison with man. *Teratology,* 12(1):51-55.

19. Burns, M., Fraser, M. N.(1966): Genetic abnormalities. In: Genetics of the dog: the basis of successful breeding, 2nd. ed., p. 120, Oliver and Boyd.

20. Rhoades, J. D., Foley, C. W.(1977): Cryptorchidism and intersexuality. *Vet. Clin. North Am. Small Anim. Pract.,* 7(4):789-794.

21. Gubbels, E. J., Scholten, J., Janss, L., *et al.*(2009): Relationship of cryptorchidism with sex ratios and litter sizes in 12 dog breeds. *Anim. Reprod. Sci.,* 113(1-4):187-195.

22. Hayes, H. M., Pendergrass, T. W.(1976): Canine testicular tumors: epidemiologic feature of 410 dogs. *Int. J. Cancer,* 18(4):482-487.

23. Hayes, H. M., Wilson, G. P., Pendergrass, T. W., *et al.*(1985): Canine cryptorchidism and subsequent testicular neoplasia: case-control study with epidemiologic update. *Teratology,* 32(1):51-56.

24. Lawrence, J. A., Saba, C. F.(2020): Tumors of the Male Reproductive System. In: Withrow & MacEwen's Small Animal Clinical Oncology(Vail, D. M., Thamm, D. H., Liptak, J. M. eds.), 6th ed., pp.626-644, Elsevier.

25. Felumlee, A. E., Reichle, J. K., Hecht, S., *et al.*(2012): Use of ultrasound to locate retained testes in dogs and cats. *Vet. Radiol. Ultrasound.,* 53(5):581-585.

26. 藤田 淳(2017): 陰嚢疾患の外科. *SURGEON,* 21(1):27-40.

27. England, G. C. W., Allen, W. E., Porter, D. J.(1989): Evaluation of the testosterone response to hCG and the identification of a presumed anorchid dog. *J. Small Anim. Pract.,* 30(8):441-443.

28. 堀達也(2021): 犬および猫の繁殖科診療における性ホルモン測定の意義. *Journal of Animal Clinical Medicine,* 30(1):1-5.

29. Baran, A.(2007): Testicular descending time and treatment of unilateral cryptorchidism in puppies. *The Indian Veterinary Journal,* 84(7):710-711.

30. Kawakami, E., Naitoh, H., Ogasawara, M., *et al.*(1991): Hyperactivation and acrosome reaction in vitro in spermatozoa ejaculated by cryptorchid dogs after orchiopexy. *J. Vet. Med. Sci.,* 53(3):447-450.

31. Mahiddine, F. Y., Kim, M. J.(2021): Case Report: Orchiopexy in Two Poodle Dogs and Its Effect on Their Sperm Quality Parameters. *Front. Vet. Sci.,* 13;8:750019.

32. Fossum, T. W.(2018): Surgery of the abdominal cavity. In: Small animal surgery(Fossum, T. W. ed.), 5th ed., pp.512-539, Elsevier.

第5章

精巣腫瘍

精巣腫瘍

はじめに

　腫瘍化した精巣であっても、基本的な外科手技は去勢手術と変わらない。ただし、腫瘍種ごとの特徴を理解したうえで外科治療に当たらなければ、思わぬ合併症に悩まされることもあるかもしれない。

　本稿では、精巣腫瘍の大部分を占めるセルトリ細胞腫、精上皮腫、ライディッヒ細胞腫を中心に、その特徴と診断および治療についてその概要を紹介する。また、猫での精巣腫瘍の発生は犬に比較して少ない（後述）ため、本稿では主に犬の精巣腫瘍について解説する。

精巣腫瘍の定義

　精巣は未去勢の雄犬において腫瘍発生率が2番目に高い部位であり、雄犬の生殖器腫瘍の約90％を占める[1-4]。一般的な原発性精巣腫瘍は精細管の支持細胞由来であるセルトリ細胞腫、精細管の胚上皮から発生する精上皮腫（セミノーマ）、間質のライディッヒ細胞腫などがある（表5-1）。歴史的にはこれらの腫瘍はほぼ同じ割合で発生するとされている。一部の報告ではセルトリ細胞腫は8～16％と発生が少ないことが示唆されている[1,3,4,7]。また4～20％の症例で、1つの精巣に複数の種類が併発する混合腫瘍が存在する[3,8,9]。そのほか、まれではあるが、血管腫、リンパ腫、顆粒膜細胞腫、奇形腫、性腺芽腫、神経鞘腫、中皮腫なども報告されている[10-13]。

　転移性精巣腫瘍は非常にまれであるが、過去の文献では消化管腫瘍が精巣へ転移した症例報告が2件ある[14,15]。

疫学・予後

　精巣腫瘍は中高齢犬での発生が多く、10歳齢以上の犬では6歳齢未満の犬に比較して精巣腫瘍の発生率が高い[16]。ただし、潜在精巣はセルトリ細胞腫や精上皮腫を発症しやすく、その60％以上が6～10歳齢とやや若い年齢で発生する[4]。精巣腫瘍の好発犬種として、ボクサー、ジャーマン・シェパード・ドッグ、アフガン・ハウンド、ワイマラナー、シェットランド・シープドッグ、コリー、マルチーズなどが挙げられる[3,8,9,16]。

セルトリ細胞腫

　セルトリ細胞腫は潜在精巣と関連して発症することが多いが、陰嚢内での発生もめずらしくない。通常は孤立性であるが、多発性や両側性に認められることもある。腫瘍は周囲の精巣組織を圧迫および破壊しながら圧排性に増殖し、精索に沿って伸長することもある。セルトリ細胞は正常な精巣においてもエストロゲンを産生するが、セルトリ細胞腫では高エストロゲン血症に伴う雌性化を示す可能性がある。報告では腹腔内潜在精巣のセルトリ細胞腫では、約70％は機能性で過剰なエストロゲンを分泌している[17]。

　転移率は2.2～10％であり、リンパ節（内側腸骨、浅鼡径）（図5-1）への転移が一般的だが、まれに肺、腎臓、脾臓、膵臓、肝臓などにも転移が認められる[9,19]。

精上皮腫

　精上皮腫も潜在精巣と関連して発生することが多い。通常は孤立性だが、多発性や両側性に認められることもある。精上皮腫は大型化することがあり、精巣組織をほとんど置換してしまうことがある。精上皮腫においてもエストロゲン濃度が上昇することがあると報告されているが、セルトリ細胞腫よりもその頻度は低く、多くの場合で無症候性である[5]。

　精上皮腫の転移率は6.4～11％で、内腸骨リンパ節や肺、腹腔内臓器などへの転移が報告されている[9,20]。

ライディッヒ細胞腫

　ライディッヒ細胞腫は孤立性または多発性に陰嚢内で発生することが多い。精巣実質内に球状に発生することが多く、直径が1～2 cmを超えることはまれである。ライディッヒ細胞の機能はテストステロン産生による精子形成の補助であるため、ライディッヒ細胞腫はテストステロン分泌量の増加と関連し、ホルモンの不均衡およびそれに関連した続発疾患を引き起こす可能性がある。Lipowitzの報告によると、ライディッヒ細胞腫のある犬の15％で会陰ヘルニア、37％で肛門周囲腺腫の併発が認められた[9]。ライディッヒ細胞腫においてもエストロゲン濃度が上昇する可能性があるが、

表 5-1 　犬の主な精巣腫瘍の特徴 （文献5、6より引用、改変）

	発生率	ホルモン産生	臨床徴候	転移
セルトリ細胞腫	8〜33%	エストロゲン	雌性化 汎血球減少症	2.2〜10% リンパ節（内側腸骨、浅鼠径）、まれに肺や腹腔内臓器
精上皮腫 （セミノーマ）	33〜52%	エストロゲン（まれ）	まれ	6.4〜11% 内側腸骨リンパ節や肺、腹腔内臓器
ライディッヒ細胞腫	33〜50%	テストステロン エストロゲン（まれ）	まれ	0.6% 内側腸骨リンパ節や肺

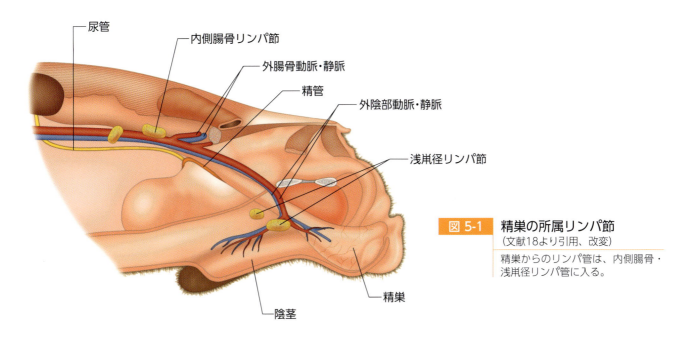

図 5-1 　精巣の所属リンパ節
（文献18より引用、改変）
精巣からのリンパ管は、内側腸骨・浅鼠径リンパ管に入る。

かなりまれである。転移率は0.6%と低いが、内腸骨リンパ節や肺などに転移の可能性がある。

鑑別診断 （表5-2）

精巣腫瘍の症例の多くは無症状であり、偶発的に発見されることが多い。臨床徴候は転移の存在や高エストロゲン血症などの腫瘍随伴症候群、腫瘍化し巨大化した腹腔内潜在精巣腫瘍により腹腔内臓器が圧迫される影響などに起因する可能性がある。

診断は通常、身体検査、超音波検査によって精巣肥大やエコー源性の変化が認められることによって下されるが、そのような異常を伴わず、去勢や他の雄性ホルモン関連疾患（前立腺疾患や肛門周囲腺腫など）の治療を目的として摘出され、病理組織学的検査によって腫瘍が発覚することもある。

視診／触診

未去勢の雄犬、とくに高齢犬の身体検査では、精巣の大きさの左右対称性、硬さ、精巣内に偏在した腫瘤などに関する観察を実施する。片側の精巣が腫大しており大きさが左右非対称であることから精巣腫瘍が疑われることが多い（図5-2）。ただし、大きさに変化を認めずとも腫瘍化していることや、両側性に腫瘍化していることもある。

精巣腫瘍により高エストロゲン血症を呈する場合は雌性化の徴候がみられることがあるため、皮膚や乳腺、陰茎を中心とした全身的な観察も行う。

また、直腸検査にて腰下リンパ節群の腫大がないかどうかの触診を実施する。直腸検査の際は、未去勢の高齢犬で発生の多い前立腺肥大や肛門周囲腫瘤の有無を併せて評価するとよい。

Column 3　高エストロゲン血症

　エストロゲンはステロイド化合物であり主に雌の卵巣で合成されるが、量は少ないものの精巣、副腎皮質などでも合成される。高エストロゲン血症やエストロゲン／アンドロゲンの不均衡は、雌性化を引き起こす。

　臨床徴候は、腹部および会陰部を中心とした瘙痒感のない左右対称性脱毛、皮膚の色素沈着、前立腺の扁平上皮化生による囊胞や膿瘍形成、包皮の下垂、陰茎の萎縮、雌性化乳房(図C3-1)、乳汁分泌などである。

　高エストロゲン血症による最も有害な影響はエストロゲン誘発性骨髄抑制(EIM)であり、犬とフェレットで認められる。血液検査においては、セルトリ細胞腫の犬の最大15％でEIMが発生する可能性がある[17,21,22]。エストロゲンに対する感受性には個体差があり、軽微なこともあるが、時に生命を脅かす可能性もあるため注意を要する。EIMは、初期には末梢好中球の一時的な増加と左方移動、後期では進行性の好中球減少症、血小板減少症、非再生性貧血を呈する。臨床徴候は血小板減少症に続発する止血異常(皮膚の紫斑・点状出血、血尿、血便、鼻出血)、好中球減少症に続発する発熱、活動性低下などである。

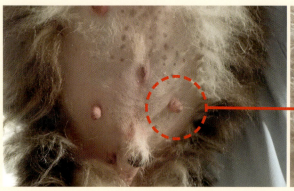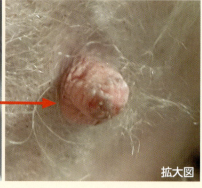

図 C3-1　セルトリ細胞腫により雌性化した乳房
チワワ、12歳齢、未去勢雄。乳房および乳頭の肥大と非瘙痒性の脱毛が認められる。

超音波検査

　腹部超音波検査は潜在精巣の局在、前立腺の変化、腹腔内のリンパ節や他臓器への転移などを評価するのに有用である。また、精巣の超音波検査は腫瘍と非腫瘍性疾患(精巣炎、精巣上体炎、精巣捻転など)との区別にも役立つ(図5-3、5-4)。ただし、腫瘍を特定できるほど特異的な所見は得られず、確定診断には病理組織学的検査が必要である。

血液検査

　精巣腫瘍を疑う犬のほとんどは中高齢であり、併発疾患のリスクが高い。そのため、手術前にはCBCと血液化学検査を実施し、全身的なスクリーニング評価が推奨される。

　また、EIMに続発する白血球減少症や血小板減少症、非再生性貧血の有無に関して評価する。貧血や出血傾向の認められる犬では血液凝固系検査を追加することが望ましい。

　ホルモン不均衡(過剰なエストロゲンやテストステロン)の徴候がある犬では、血清テストステロンとエストラジオール-17β、テストステロン／エストラジオール比を測定する[23,24]。エストラジオールの高値は高エストロゲン血症を支持する重要な情報であるが、数値と臨床徴候は必ずしも相関しない。なお、犬および猫の発情時の血中エストラジオール値は、30〜90 pg/mLである[25]。

表 5-2 精巣腫瘍と鑑別すべき疾患

臨床検査所見	主な鑑別疾患
陰嚢の腫大	陰嚢ヘルニア、陰嚢の腫瘍　など
精巣の腫大	精巣炎／精巣上体炎、精索捻転、精巣瘤、精索静脈瘤、血腫、膿瘍、肉芽腫　など

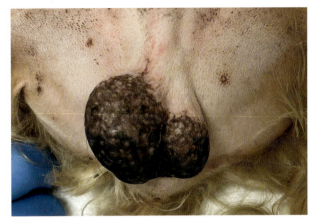

図 5-2　右精巣腫瘍の症例の外貌
左右精巣の大きさに顕著な違いが認められる。

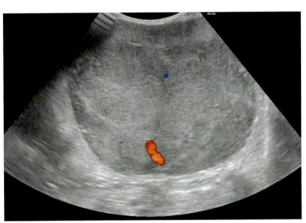

図 5-3　腫瘍化した腹腔内潜在精巣（精上皮腫）の超音波画像
カラードプラ像。やや高エコー源性の充実性腫瘤が認められる。

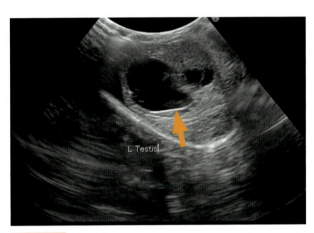

図 5-4　腫瘍化した陰嚢内精巣（ライディッヒ細胞腫）の超音波画像
内部は一部に囊胞化（➡）が認められる。

細胞診

　精巣腫瘍の症例において、原発巣のFNAや組織生検は非腫瘍性疾患（膿瘍や肉芽腫など）との鑑別に役立つ可能性があるが、外科的摘出という治療方針が、生検結果に左右されないため、実施することはまれである。EIMが認められる症例では、出血の可能性が高いため禁忌である。

　EIMが認められない症例においては、触診や超音波検査で所属リンパ節の腫大や他臓器に腫瘍性病変が認められた場合は、転移の評価のためFNAを実施することが推奨される。

X線検査

　精巣腫瘍症例は中高齢であることが多いため、術前に胸部X線検査にて呼吸器（気管、肺）および心臓に異常が認められないかどうかを確認し、外科的治療を選択する場合の麻酔リスクを評価する。

　X線検査単独で精巣腫瘍自体を評価する機会は少ない。腹腔内の潜在精巣が巨大化した場合は、腹部X線検査にて軟部組織腫瘤の陰影が明らかとなる可能性があるが、由来臓器の特定のために超音波検査やCT検査を実施し、脾臓腫瘤や肝臓腫瘤などとの鑑別が必要となるだろう。

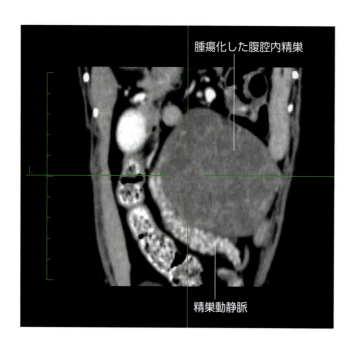

https://e-lephant.tv/ad/2003790/
動画提供：藤田 淳先生（公益財団法人 日本小動物医療センター）

| 図 5-5 | 腫瘍化した腹腔内潜在精巣（精上皮腫）が認められる症例のCT画像 |

パピヨン、10歳齢、未去勢雄。腹腔内の腫瘤は、陰嚢内に右精巣が認められないこと、精巣動静脈が連続することなどから腫瘍化した右精巣と判断される。

CT検査

陰嚢内精巣が腫瘍化した場合、必ずしもCT検査は必要ではない。検査の意義は、腹腔内精巣腫瘍が疑われる場合の由来臓器の確定や、転移（所属リンパ節、腹腔内臓器）の有無の評価である。CT検査では、腫瘤に連続した蔓状静脈叢（精巣動静脈）が、精巣腫瘍の鑑別のポイントになる（図5-5～5-7）。最も転移が起こりやすいのは腰下リンパ節群や浅鼠径リンパ節であるが、他臓器への遠隔転移の可能性もある。

外科的治療

ほとんどの犬の原発性精巣腫瘍は、転移の可能性が低く局所浸潤を特徴とするため、根治的な治療の選択肢として精巣摘出術が選択される。ある報告では最大50％が両側性に精巣腫瘍を有していたとのことから両側精巣の摘出が推奨されているが[5]、優秀な繁殖犬では片側のみの摘出が行われることもある。

EIMの認められる犬は二次的な感染や出血傾向に関連した高い合併症率を保つため、手術には注意が必要である。そのような状態の犬では、輸血や抗菌薬による集中的な管理が外科手術よりも優先される。

術前準備

後述するが、腫瘍化した精巣であっても基本的な手技は通常の去勢手術と同様である。そのため、必要な外科器具や縫合糸は、通常の陰嚢内または潜在精巣（皮下、腹腔内）に対する去勢手術に準じる。

腫瘤が非常に大きい場合や、陰嚢に固着し陰嚢と一括で切除する場合は、尿道の医原性損傷を避けるため尿道カテーテルの設置が望ましい。

EIMによる血小板減少症や貧血が認められる症例では、その程度にもよるが、術中および術後の止血異常や貧血の悪化の可能性があるため、輸血の準備が望ましい。

陰嚢内精巣腫瘍の外科的摘出

陰嚢内の精巣が腫瘍化した場合、外科的摘出は原則として閉鎖式で行うべきであるが、閉鎖式と開放式で成績を比較した研究は筆者の知る限りない。多くの精巣腫瘍は白膜および鞘膜壁側板を越えないため、開放式であっても白膜を傷つけなければマージンは確保できると筆者は考える（図5-8、5-9）。陰嚢内の精巣腫瘍に対する実際の手術手技は通常の精巣摘出術と同様であるため、ここでは割愛する。

一方で、腫瘍が白膜を超えている場合は腹腔内に播種したと考えるべきであり、腹腔内の画像検査を継続して実施する。腫瘤が白膜を越え陰嚢に固着している場合は腫瘤の浸潤と判断し、左右精巣と陰嚢を一括で、閉鎖式で切除することが望ましい。ただし、次項以降で紹介する症例は陰嚢の肥満細胞腫の症例であるため、開放式で精巣の摘出を行っている。陰嚢と一括の精巣切除の一例として紹介したい。

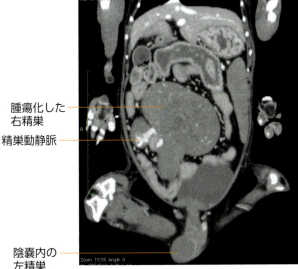

図 5-6	腫瘍化した腹腔内潜在精巣の症例のCT画像
	ヨークシャー・テリア、10歳齢、未去勢雄。嘔吐を主訴に近医を受診し、下腹部に腫瘤を認めたため、東京大学附属動物医療センター（以下、当院）を紹介受診した。CT検査にて腫瘍化した右潜在精巣が認められた。

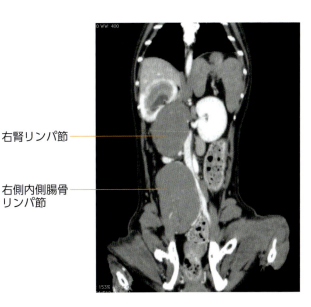

図 5-7	顕著に腫大した右腎リンパ節と右側内側腸骨リンパ節の症例のCT画像
	図5-6と同一症例。右腎リンパ節は右尿管を、右側内側腸骨リンパ節は後大静脈を巻き込んで腫大が認められた。

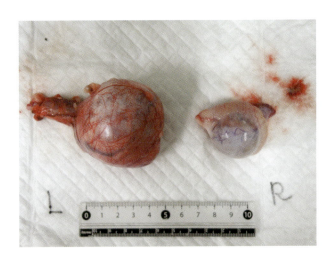

図 5-8	摘出した精巣腫瘍の外観
	チワワ、13歳齢、未去勢雄。左精巣腫大を主訴に当院を受診。摘出した左精巣は対側に比較し、顕著に腫大している。病理組織学的検査において精上皮腫と診断された。

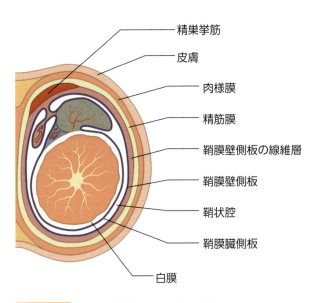

図 5-9	陰嚢と精巣の模式的横断面
	（文献26より引用、改変）

術式：精巣摘出術（陰嚢との一括切除）

陰嚢基部の切皮

陰嚢と精巣を持ち上げ、陰嚢基部の皮膚を電気メスで楕円形に切除する（図5-10）。その際、皮膚を大きく切除しすぎると閉創に苦労するため注意する。

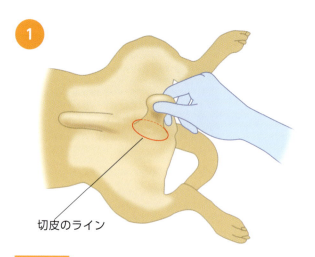
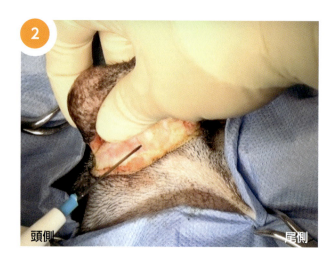

図 5-10　陰嚢基部の切皮
利き手とは逆の手で陰嚢と精巣を持ち上げ、陰嚢基部をメスまたは電気メスで楕円形に切皮する。

Tips

陰嚢には頭側から外陰部動脈の前陰嚢枝、尾側から腹側会陰動脈の背側陰嚢枝が分布している（図5-11）。精索を露出した後、精巣挙筋を切断する前に、これらの血管を処理する（図5-12）。

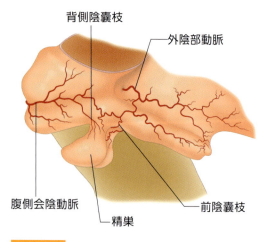
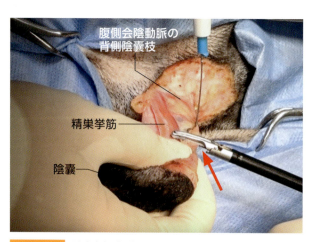

図 5-11　生殖器浅層の血管
（文献27より引用、改変）

図 5-12　腹側会陰動脈の背側陰嚢枝の処理
超音波凝固切開装置を用いて血管（背側陰嚢枝）とその周囲の皮下組織を切断している（➡）が、縫合糸で結紮して切断してもよい。

精巣挙筋の切断

皮下組織を剝離して両側の精索を露出し、精巣挙筋をモノポーラ型電気メスまたは超音波凝固切開装置で切断する（図5-13）。

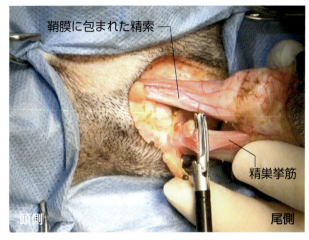

図 5-13 精巣挙筋の切断
左右の精索を露出し、右側精索に並走するまたは超音波凝固切開装置で精巣挙筋を切断している。

鞘膜の切開

鞘膜をモノポーラ型電気メスで切開し、精管および精巣動静脈を露出する（図5-14）。

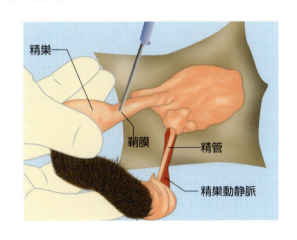

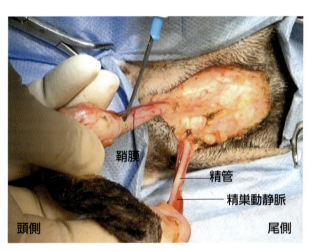

図 5-14 鞘膜の切開
精管および精巣動静脈を損傷しないように鞘膜を切開する。

精管および精巣動静脈の結紮

左右の精巣それぞれの精管および精巣動静脈をまとめて2重に結紮する（図5-15）。結紮には3-0または4-0のモノフィラメント合成吸収糸を使用する。

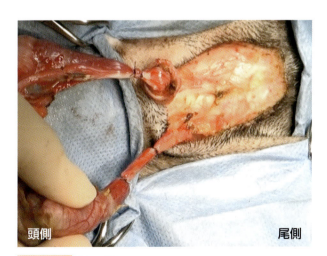

図 5-15 結 紮
左右それぞれの精管および精巣動静脈をまとめて2重に結紮する。

陰嚢と精巣の切除

精管および精巣動静脈を止血鉗子で把持し、止血鉗子より遠位側にて超音波凝固切開装置で切断することにより、陰嚢と精巣を一括で切除する（図5-16、5-17）。切除後、結紮部位の止血を確認する。

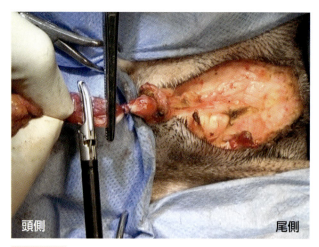

図 5-16　陰嚢と精巣の切除
精管および精巣動静脈を止血鉗子で把持し、止血鉗子より遠位側にて超音波凝固切開装置で切断する。

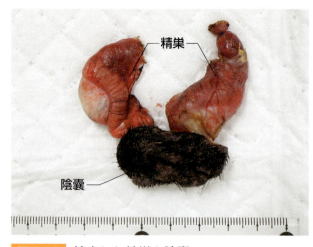

図 5-17　摘出した精巣と陰嚢
陰嚢に固着した精巣腫瘍は、陰嚢と一括切除する。

閉創

皮下を3-0または4-0のモノフィラメント合成吸収糸にて死腔をなくすように数カ所単純結節縫合した後、同糸にて、皮内縫合を行う。皮膚は3-0または4-0の非吸収糸で縫合するか、スキンステープラーで処理する（図5-18）。

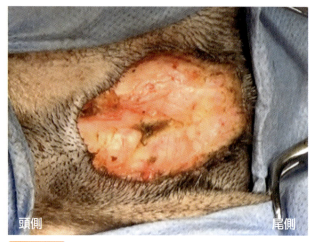

図 5-18　精巣および陰嚢摘出後の術創
尿道を損傷していないこと（必要に応じて尿カテーテルを設置する）、閉創時に無理な張力のかからない皮膚があることを確認し、閉創する。

術後管理

陰嚢内および潜在精巣（鼠径部皮下、陰嚢前皮下、腹腔内）の精巣摘出術と同様に、術後は出血、疼痛および感染などに関するモニタリングを行う。

とくにEIMによる血小板減少症が認められる症例では、術中の止血確認をしっかりと行うとともに、術後も術創の皮膚、皮下および腹腔内での出血に注意を払う。予防的抗菌薬は切皮の30分〜1時間ほど前から投与し、術後感染の徴候がなければ24時間以内に終了する（詳細は第1章を参照）。

合併症

精巣腫瘍に対する精巣摘出術の合併症は、おおむね第2章、3章に記載されているとおりであるが、精巣腫瘍の場合にとくに注意すべき点を以下に挙げる。

通常の精巣摘出術に比較して切開創が大きくなることが多いため、術創の管理（皮下出血、感染、離開など）には注意を要する。また、精巣腫瘍では精巣動静脈が発達し血流が豊富なケースがあるため、確実に血管を処理し、止血を十分に確認する。精巣腫瘍が大きい場合は、尿道が圧迫されて正中から変位していることもあるため、必要に応じて尿道カテーテルを設置し損傷を防ぐ。

EIMの症例では、止血異常や感染に関連した周術期合併症発生率と死亡率が高くなる。Salyerらの報告ではセルトリ細胞腫に関連した骨髄抑制が認められる犬7頭中5頭で、周術期に血液製剤による輸血を必要とし、うち1頭は汎血球減少症の悪化により術後4週間以内に死亡した[28]。

補助療法

転移や残存病変のない精巣腫瘍では、補助療法は不要である。転移性のセルトリ細胞腫、精上皮腫に対して、シスプラチン、アクチノマイシンD、クロラムブシル、ミスラマイシン、ブレオマイシンなどの全身性化学療法が試されているが、症例数が少なく有効性に関する結論は出ていない。シスプラチンを投与した犬3頭の報告では、生存期間はそれぞれ5カ月、7カ月、31カ月以上であった[19]。

EIMでは、精巣腫瘍摘出後に骨髄機能が回復するまでの間は以下の集中治療が長期にわたり必要となる。

治療には、①血液と血小板減少症の補正（輸血、血液製剤の投与）、②感染症からの保護（広域スペクトル抗菌薬の投与）、③造血刺激（アンドロゲン療法）、が含まれる。EIMに対するグルココルチコイドによる造血刺激は、有益な効果は報告されておらず、感染リスクを上昇させる可能性があるため使用しない。また、血小板造血刺激因子（ESA）製剤もEIMへの有効性は明らかでない。

飼い主へのインフォーム

術前に精巣腫瘍の転移やEIMなどの腫瘍随伴症候群が認められない場合は、腫瘍の外科的摘出により予後は比較的良好である[5]。時として所属リンパ節に転移が認められることがあり、その場合は術後に追加治療が必要になることがある。ただし、犬の精巣腫瘍に対する術後の放射線治療や化学療法の有効性ははっきりとわかっていない[5]。

EIMが認められている症例では、予後に注意が必要である。精巣腫瘍に随伴するEIMの場合、その根本的治療は腫瘍摘出であるものの、好中球減少症や出血によって合併症発生率や死亡率は高い[5]。とくに、EIMによる非再生性貧血を呈する犬は予後が悪い[5]。腫瘍の外科的切除と長期の集中治療で骨髄抑制が回復する可能性がある[28,29]が、頻回の輸血やモニタリングを必要とするため、費用も高額になることを治療開始前に飼い主に十分説明しておく。EIMによって骨髄が不可逆的なダメージを受けた場合は、長期の集中管理にもかかわらず骨髄機能が回復しないこともある[28]。

加えて、生殖器腫瘍を回避するため（とくに潜在精巣が認められる雄犬では）、去勢手術を飼い主に推奨することも重要である。

猫の精巣腫瘍

猫での精巣腫瘍の発生は少ない。1956年のセルトリ細胞腫の猫2例に関する報告[30]が最初であるが、その後、約50年間でわずか15例ほどである[31]。腫瘍種の内訳は、セルトリ細胞腫5例、ライディッヒ細胞腫5例、精上皮腫2例、奇形腫2例、混合腫瘍（セルトリ細胞腫とライディッヒ細胞腫）が1例報告されている[30-32]。潜在精巣が腫瘍化した例もあるが、症例数が少ないため潜在精巣と腫瘍発生率との関連はわかっていない。

雌性化は報告されていないが、セルトリ細胞腫の肝臓および脾臓への転移、奇形腫の大網への転移が認められており[30,31]、犬の精巣腫瘍に比較して、その挙動には注意が必要かもしれない。精巣摘出以外の有効な治療は確立されていない。

おわりに

　愛玩動物の高齢化に伴い、腫瘍性疾患に遭遇するケースは非常に多くなってきている。ただし、精巣腫瘍は予防が可能な疾患であり、また早期から適切に治療すれば良好にコントロールすることも可能である。本稿が読者の先生方の明日からの診療の参考になることを願う。

【参考文献】

1. Cotchin, E.(1960): Testicular neoplasms in dogs. *J. Comp. Pathol.,* 70:232-248.
2. von-Bomhard, D., Pukkavesa, C., Haenichen, T.(1978): The ultrastructure of testicular tumours in the dog. I. Germinal cells and seminomas. *J. Comp. Pathol.,* 88(1):49-57.
3. Hayes Jr., H. M., Pendergrass, T. W.(1976): Canine testicular tumors: epidemiologic features of 410 dogs. *Int. J. Cancer.,* 18(4):482-487.
4. Liao, A. T., Chu, P. Y., Yeh, L. S., *et al.*(2009): A 12-year retrospective study of canine testicular tumors. *J. Vet. Med. Sci.,* 71(7):919-923.
5. Lawrence, J. A., Saba, C. F.(2020): Tumors of the Male Reproductive System. In: Withrow & MacEwen's Small Animal Clinical Oncology(Vail, D. M., Thamm, D. H., Liptak, J. M. eds.), 6th ed., pp.626-644, Elsevier.
6. Heather, A., Towle, M.(2018): Testes, Epididymides, and Scrotum. In: Veterinary Surgery: Small Animal(Johnston, S. A., Tobias, K. M. eds.), 2nd ed., pp.2142-2157, Elsevier.
7. Grieco, V., Riccardi, E., Greppi, G. F., *et al.*(2008): Canine testicular tumours: a study on 232 dogs. *J. Comp. Pathol.,* 138(2-3):86-89.
8. Nødtvedt, A., Gamlem, H., Gunnes, G., *et al.*(2011): Breed differences in the proportional morbidity of testicular tumours and distribution of histopathologic types in a population-based canine cancer registry. *Vet. Comp. Oncol.,* 9(1):45-54.
9. Lipowitz, A. J., Schwartz, A., Wilson, G. P., *et al.*(1973): Testicular neoplasms and concomitant clinical changes in the dog. *J. Am. Vet. Med. Assoc.,* 163(12):1364-1368.
10. Patnaik, A. K., Mostofi, F. K.(1993): A clinicopathologic, histologic, and immunohistochemical study of mixed germ cell-stromal tumors of the testis in 16 dogs. *Vet. Pathol.,* 30(3):287-295.

11. Turk, J. R., Turk, M. A., Gallina, A. M.(1981): A canine testicular tumor resembling gonadoblastoma. *Vet. Pathol.*, 18(2):201-207.

12. Rothwell, T. L., Papdimitriou, J. M., Xu, F. N., *et al.*(1986):Schwannoma in the testis of a dog. *Vet. Pathol.*, 23(5):629-631.

13. Vascellari, M., Carminato, A., Camall, G., *et al.*(2011): Malignant mesothelioma of the tunica vaginalis testis in a dog: histological and immunohistochemical characterization. *J. Vet. Diagn. Invest.*, 23(1):135-139.

14. Esplin, D. G., Wilson, S. R.(1998): Gastrointestinal adenocarcinomas metastatic to the testes and associated structures in three dogs. *J. Am. Anim. Hosp. Assoc.*, 34(4):287-290.

15. Patnaik, A. K., Hurvitz, A. I., Johnson, G. F.(1978): Canine intestinal adenocarcinoma. *Vet. Pathol.*, 15(5):600-607.

16. Reif, J. S., Maguire, T. G., Kenney, R. M., *et al.*(1979): A cohort study of canine testicular neoplasia. *J. Am. Vet. Med. Assoc.*, 175(7):719-723.

17. Quartuccio, M., Marino, G., Garufi, G., *et al.*(2012): Sertoli cell tumors associated with feminizing syndrome and spermatic cord tor- sion in two cryptorchid dogs. *J. Vet. Sci.*, 13(2):207-209.

18. Bezuidenbout, A. J.(2020): The lymphatic system. In: Miller's Anatomy of the Dog(Hermanson, J. W., de Lahunta, A. eds.), 5th ed., pp.616-649, Elsevier.

19. Dhaliwal, R. S., Kitchell, B. E., Knight, B. L., *et al.*(1999): Treatment of aggressive testicular tumors in four dogs. *J. Am. Anim. Hosp. Assoc.*, 35(4):311-318.

20. Dow, C.(1962): Testicular tumours in the dog. *J. Comp. Pathol.*, 72:247-265.

21. DeForge, T. L.(2020): Sertoli cell tumor/mixed germ cell-stromal cell tumor as separate neoplasms in a bilaterally cryptorchid dog. *Can. Vet. J.*, 61(9):994-996.

22. Sontas, H. B., Dokuzeylu, B., Turna, O., *et al.*(2009): Estrogen-induced myelotoxicity in dogs: A review. *Can. Vet. J.*, 50(10):1054-1058.

23. Mischke, R., Meurer, D., Hoppen, H. O., *et al.*(2002): Blood plasma concentrations of oestradiol-17B, testosterone and testosterone/oestradiol ratio in dogs with neoplastic and degenerative testicular diseases. *Res. Vet. Sci.*, 73(3):267-272.

24. Peters, M. A., de Jong, F. H., Teerds, K. J., *et al.*(2000): Ageing, testicular tumours and the pituitary-testis axis in dogs. *J. Endocrinol.*, 166(1):153-161.

25. 堀達也(2021): 犬および猫の繁殖科診療における性ホルモン測定の意義. *Journal of Animal Clinical Medicine*, 30(1):1-5.

26. Christensen, G. C.(1985): 第9章 尿生殖器. 新版 改定増補 犬の解剖学(Evans, H. E., Christensen, G. C. eds.), 望月公子 監訳, pp.438-442, 学窓社.

27. 藤田 淳(2017): 陰嚢疾患の外科. *SURGEON*, 21(1):27-40.

28. Salyer, S. A., Lapsley, J. M., Palm, C. A., *et al.*(2022): Outcome of dogs with bone marrow suppression secondary to Sertoli cell tumour. *Vet. Comp. Oncol.*, 20(2):484-490.

29. Sontas, H. B., Dokuzeylu, B., Turna, O., *et al.*(2009): Estrogen-induced myelotoxicity in dogs: A review. *Can. Vet. J.*, 50(10):1054-1058.

30. Meier, H.(1956): Sertoli-cell tumor in the cat: report of two cases. *North Am. Vet.*, 37:979-981.

31. Miyoshi, N., Yasuda, N., Kamimura, Y., *et al.*(2001): Teratoma in a feline unilateral cryptorchid testis. *Vet. Pathol.*, 38(6):729-730.

32. Miller, M. A., Hartnett, S. E., Ramos-Vara, J. A.(2007): Interstitial Cell Tumor and Sertoli Cell Tumor in the Testis of a Cat. *Vet. Pathol.*, 44(3):394-397.

第6章

犬と猫の腹腔鏡下潜在精巣摘出術

犬と猫の腹腔鏡下潜在精巣摘出術

はじめに

犬と猫の潜在精巣摘出術は、腹腔内や鼠径部などに存在する精巣を、将来的な疾患の予防のために摘出する予防的手術である。多くの場合、対象は健康な動物であるため、可能な限り痛みの少ない手法で行うことが獣医師に求められる。「治療による動物の疼痛を最低限にすべきである」という概念は、世界的にも獣医療の道徳的・倫理的な義務として広く認識されてきており、疼痛緩和について詳細な記述がない論文や学会発表は却下されることもある。外科手術に携わる獣医師は、薬剤などによって痛みを抑えるだけではなく、手術侵襲を可能な限り軽減することが求められるようになった。国際的な学術集会のなかでも、低侵襲外科（Minimally invasive surgery：MIS）と呼ばれる外科手術の一分野が確立されつつあり、その重要性は年々高まっている。

本邦においても、動物に対するより侵襲性の低い治療法として、内視鏡外科手術が取り入れられるようになって久しい。そのなかでも腹腔鏡下潜在精巣摘出術は、腹腔鏡手術のよい適応であり、実施されることが多い。腹腔鏡手術は開腹手術と比べ、切開創が小さいこと、腹腔内がよく観察できること、動物が術後に早く回復することなどが大きなメリットであるとされ、現在では多くの施設で実施されている。しかし、「腹腔鏡手術が本当に低侵襲なのか」ということに関しては、現時点ではエビデンスに乏しいといわざるを得ない。さまざまな研究が報告されているが各種パラメーターの分析では、開腹手術と腹腔鏡手術には統計学的に明確な差違は認められないというものが多い[1-6]。しかし、臨床的には犬や猫の腹腔鏡下潜在精巣摘出術は、開腹下の手術と比較し明らかに疼痛が少ないと考えられるため、正しい知識をもったうえで広く普及されることを期待している。本稿では腹腔鏡下潜在精巣摘出術の実施方法を紹介し、安全にこの手技を行うための重要事項を解説したい。

腹腔鏡手術の概要

潜在精巣は、腹腔外に存在する場合と、腹腔内に存在する場合がある。腹腔鏡下で精巣摘出術を行う対象は、腹腔内に存在する場合の潜在精巣（腹腔内潜在精巣）である。ただし、潜在精巣が非常に小さく、触診や超音波検査で存在位置を特定できない場合もあるため、いわゆる試験的開腹という位置づけで腹腔鏡手術を行うこともある。この場合でも、開腹手術に比較して切開創が小さいため、飼い主にも受け入れやすい。

また、鼠径部に精巣が存在する場合でも、精巣を腹腔内に引き戻して腹腔鏡手術により摘出できることもある。この場合も、通常の鼠径部皮下切開と比べ侵襲が少なくなるため、腹腔鏡によるアプローチに利点があると考えられる。飼い主には、腹腔鏡でアプローチして見つからない場合は、皮下を切開する通常の術式を行う可能性があることを、あらかじめ伝えておくとよい。

腹腔鏡手術のメリット

腹腔鏡手術のメリットを以下に述べる。

切開創が小さい

術式にもよるが、トロッカー（体腔内に内視鏡や鉗子などを挿入して手術するために、体腔内と体外をつなぐ連絡路の役割を担う筒状の医療機器）を挿入するために実施する皮膚切開は2〜10 mm程度で、2〜3カ所の切開にて去勢手術を行うことができる。切開創が小さいことにより、疼痛が緩和できるというメリットがある。また、開腹手術と比較して疼痛が少ないことにより、術後に動物が切開創を舐める頻度を軽減できるため、術後管理が容易になる。通常は手術後のエリザベスカラーや術後服は必要ないことが多い。

腹腔内臓器が明確に可視化できる

腹腔鏡手術ではハイビジョンや4Kカメラシステム

により、腹腔内臓器を明瞭に可視化できる。これにより、従来の開腹手術では得られなかった高精細な画像が得られ、微細解剖に基づく手術が行えるようになった。精巣や周囲臓器の奇形などの解剖学的なバリエーションにも対応できる。

他疾患の早期診断が可能

腹腔鏡手術では腹腔内全体を観察できるため、術中にほかの臓器の異常を発見できることがある。消化管、膀胱、脾臓、肝臓、横隔膜などの病変を早期診断できることも多い。異常を発見した際に、手術時に作製したポートから生検鉗子を挿入し、組織生検を実施することも可能である。

腹腔内を開放しないため、癒着が起きにくい

人医療では、腹腔鏡手術は開腹手術と比較し、術後の癒着が起こりにくいと考えられている[7]。これは、手術中に腹腔内の湿潤状態が保たれることに加え、手で触れることによる臓器への負荷が少ないことが理由と考えられている[7]。生涯のうちに複数回の腹部手術を受ける動物が増加しているため、癒着の減少は大きなメリットと考えられる。

精巣の存在位置にかかわらず、確実な摘出が可能

開腹手術により潜在精巣の摘出を行う場合、臍下から恥骨前縁まで比較的大きな切開創で手術を行わねばならず、侵襲の大きさから飼い主が手術を断念するケースもある。一方、腹腔鏡手術の場合は小さな切開口から手術を行えるだけでなく、精巣が存在する位置にかかわらず、確実な手術を行うことができる。

手術動画の共有

腹腔鏡手術では記録装置の使用により手術のすべての動画を保存することが可能である。術後にこれらを見直すことにより、術中には気づけなかった手技の問題点を確認することができ、手術にかかわるスタッフとも問題点を共有できる。これは腹腔鏡手術の教育的なメリットと考えられる。また、手術動画を動物の飼い主と共有することができ、手術内容を詳細に説明することにより、信頼関係の構築にも寄与するメリットがある。

腹腔鏡手術のデメリット

腹腔鏡手術には前述のように多くのメリットがある反面、デメリットも存在するため以下に述べる。

多くの特殊機器や道具が必要

腹腔鏡手術では、通常の手術では用いることのない長い鉗子やトロッカーなどを用いなければならない。また専用の機器が必要である。これらの経費や手術室での取り回し（モニターや機械類のタワーを置くには一定のスペースが必要なため、手術室が狭い場合は、適切な位置に機械類を配置できないことがある）がデメリットになる可能性がある。

手術の際、多くの人員が必要

開腹手術では術者と助手（不要な場合もある）、麻酔管理担当者などの人員（2〜3人）で手術が可能だが、腹腔鏡手術では術者と助手、麻酔管理担当者に加え、外回りの人員が必須となる（3〜4人）。

技術の習得が必要

腹腔鏡手術は、長い鉗子を用いモニターを介して行う手術であるため、開腹手術とはまったく異なるスキルが要求される。安定した手術を行うためには一定の練習が必要であると考えられている[8-11]。

出血などに対する対処

腹腔鏡手術では、少量の出血でも視野が悪くなり開腹手術よりも出血点が特定しづらいこと、縫合による止血が技術的に難しいことにより、出血が起こったときの対処が開腹手術よりも困難であると考えられている。臓器損傷などにより出血が起こった場合は、開腹手術への移行が必要になる場合がある。

適応

すべての年齢、体格、種類の犬および猫が腹腔鏡手術の適応である。適応か否かの判断は体格によらない[12]。しかし、体格によって手術操作に必要なワーキングスペースが小さくなることを考慮しなければならない。非常に体格の小さな動物に対しては、一定のスキルをもつ術者による施術が求められる。

高齢動物や肥満の動物の手術において、体腔内で血

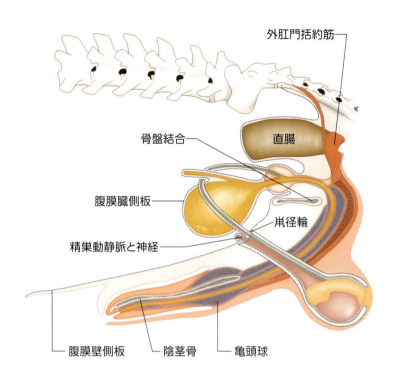

図 6-1　犬の精巣の位置と周辺解剖 (文献14より引用、改変)

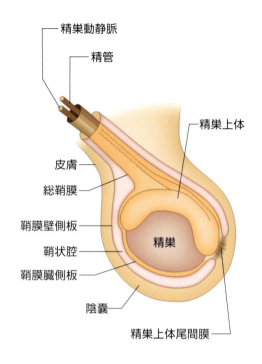

図 6-2　犬の陰嚢および精索内の構造 (文献13より引用、改変)

管処理ができる腹腔鏡手術のメリットは大きい。筆者は、肥満した大型犬の去勢手術については、開腹手術よりも腹腔鏡手術のほうが安全であると考えている。

禁忌

相対的な禁忌としては、開腹手術と同様の一般的な麻酔リスクの高い動物が挙げられる。さらに、腹腔鏡手術独自の禁忌および相対的な禁忌事項として以下のケースが考えられる。

気腹状態の維持が困難である場合

心臓疾患や肺疾患により気腹状態が維持できない症例では、腹腔鏡手術は禁忌となる。具体的には、心不全、肺炎、肺水腫、肺腫瘍、クッシング症候群による肺の石灰化、横隔膜ヘルニアなどがある。腹腔鏡手術を開始し腹腔内への送気を行った後に換気不全を生じる場合は、躊躇せず開腹手術に移行すべきである。

病的精巣

腫瘍化した腹腔内精巣を腹腔鏡下で摘出する場合は、腫瘍の播種などの危険があるため、経験が浅い場合は行わない方が望ましい。これらは腹腔鏡手術の適応になる場合もあるが、出血のコントロールや臓器の圧排などに一定の技術が必要である。基本的な手技を確立した後に行うべきである。

外科解剖、発生学

潜在精巣の存在位置はさまざまである。また、術前に存在位置が診断できないことも多い。そのような際に、血管や精索から精巣の位置をたどって摘出することもある。そのため、精巣の位置や外科解剖を熟知して手術に臨みたい。以下に、手術に関連する解剖学・発生学的知見を述べる。

精巣[13]（図6-1〜6-3）

陰嚢は股間の皮膚が袋状に垂れ下がった部位で、精巣を収納する。犬では陰茎の尾側で垂れ下がるように存在するが、猫では陰茎の尾側で小さく盛り上がるのみである。この陰嚢内以外に存在する精巣を潜在精巣といい、陰嚢前、鼠径部、腹腔内のいずれかに存在する。陰嚢内の精巣は、その存在位置により体温より5〜

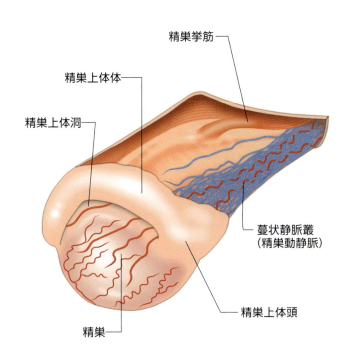

図 6-3　犬の精巣の構造（文献14より引用、改変）

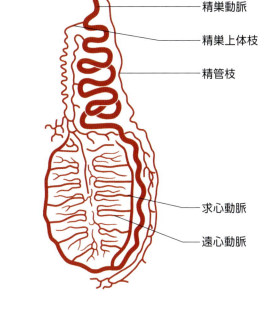

図 6-4　精巣の動脈の走行（文献13より引用、改変）

6℃低い温度に維持されるが、潜在精巣では多くの場合、体温と同じ温度で維持されるため、正常な精巣機能が発揮できない。

犬・猫の精巣は卵円形で、陰嚢内で斜めに配置されている。精巣、精巣上皮、精索は、腹膜の連続である総鞘膜に取り囲まれている。

総鞘膜の中に精索があり、その中に精巣動静脈、神経、精管が走行している。精索は鼠径輪で腹腔内と連絡している。精巣は精巣上体の尾側面において、精巣上体尾間膜で固定されている（図6-2）。

血管走行（図6-4）

精巣動脈と精管動脈は、精巣と精巣上体に分布している。

精巣動脈は第4腰椎レベルの大動脈の腹側面から左右別々に分布している。右の精巣動脈は、左よりも頭側から分岐している。精巣動脈は精巣上体枝や精管枝へ分岐した後、求心動脈を経て遠心動脈へ流入し、精巣へ血液を供給している。精管動脈は内腸骨動脈の臓側枝から出る前立腺動脈枝で、鼠径輪から精管に沿って走行した後、精巣上体に分枝して、最終的に精巣動脈に吻合する。

精巣から出た静脈は、精巣動脈と併走して精索内で蔓状静脈叢（精巣動静脈）を形成する。蔓状静脈叢は精巣動脈、神経、リンパ管を内包する。その後、精巣静脈は鼠径輪から腹腔内に入る。右の精巣静脈は後大静脈に直接流入するが、左の精巣静脈は左腎静脈を経由して後大静脈へと流入する。そのため、左腎摘出の際にこの静脈を損傷すると、左精巣の血液供給に支障が生じると考えられる。

精　管

精管は精巣上体管から連続し、精索の内部を走行して鼠径輪から腹腔内に入った後、膀胱索の位置で尿管と交差し、前立腺を貫通して尿道の精丘に開口する。

使用する機材と術前の準備

手術室の条件

腹腔鏡手術は、さまざまな器具機材を用いるため、一定以上の大きさの手術室が必要となる。術中にモニ

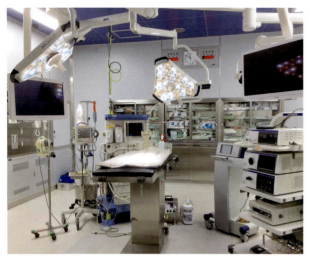

| 図 6-5 | 手術室 |

当院の手術室。腹腔鏡手術のためには、専用の機器類のほか、天井吊り下げ型モニターなどがあると、セッティングが行いやすい。

| 図 6-6 | 手術中の様子 |

術者の横に助手（カメラ係）が立ち、術者はモニターを見ながら手術を実施する。

| 図 6-7 | ビデオカメラ装置 |

VISERA 4K UHD 高輝度光源装置 OLYMPUS OTV-S400：オリンパス。

ターを移動しなければならないケースも多いため、かない動物病院（以下、当院）では天井吊り下げ型のモニターを2台用いている（図6-5）。

手術人員の確保

　腹腔鏡下潜在精巣摘出術では術者は腹腔鏡の操作を担当することができないため手術助手が必要となる。さらに、腹腔鏡下潜在精巣摘出術では、補助換気や陽圧換気が必要であり、腹腔内に二酸化炭素ガスによる送気を行うほか、体位の変換を行うことから麻酔管理担当者を置くことが望ましい。さらに、気腹圧管理や送気停止・再送気操作などもあることから最低3人、可能であれば4人の人員構成が望ましい（図6-6）。

腹腔鏡下潜在精巣摘出術に用いる器具

ビデオカメラ装置（図6-7）

　3CCD、フルハイビジョン、4Kなどのビデオカメラ装置に、カメラヘッドとテレスコープを接続して高画質の画像を得ることができる。

テレスコープ（図6-8）

　外径3 mm、5 mm、10 mm、先端の視野角度0度、30度のものがおもに使用されている。小さな切開創で手術を行う際は外径が小さいものがよいという考えもあるが、外径が大きくなるほど映像が明るくなり、より精細な画像が得られるため、筆者は5 mmまたは10 mm径のものを用いることが多い。視野角度は、30度が一般的である（図6-8）。

　0度のテレスコープはテレスコープの先端が向かう方向で正面から対象物を見ることができるため、初心者には使いやすい。一方、30度のテレスコープは、対象臓器に対して斜角から対象物を観察できるため、先端を回転させることでさまざまな角度から臓器をみることができる。より難易度の高い手術では、狭い手術

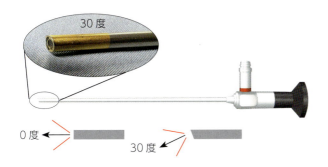

図 6-8	テレスコープ（カメラ）

4K光学視管30度、直径10mm：オリンパス。テレスコープから得た画像はモニターに拡大して見ることができる。

図 6-9	光源装置

VISERA 4K UHD 高輝度光源装置 OLYMPUS CLV-S400：オリンパス。ケーブルを介してテレスコープに光を伝達する。

図 6-10	気腹装置

SCB Thermoflator® 264320 20：KARL STORZ Endoscopy Japan。腹腔内に一定の圧で二酸化炭素ガスを送気する装置。加温機能があるものが望ましい。

図 6-11	記録装置

4K 3Dビデオレコーダー HVO-4000MT：ソニー。腹腔鏡手術の動画を記録する装置。4Kなどの動画を、画質を落とすことなく保存するためには、医療用レコーダーがあるほうがよい。

領域で適切な画像を得る必要があるため、潜在精巣摘出術のレベルから30度のテレスコープの扱い方に慣れておくほうがよい。

光源装置（図6-9）

ハロゲン、キセノン、LEDの光源装置がある。ハロゲンは暗く、現在はより明るいキセノンが使われている。近年、寿命の長いLEDを用いることで、明るさと経済性が両立されるようになった。最近はLEDタイプのものを使うことが多い。術中に外回りのスタッフが光量を調節できるように、使用法を伝えておく。

気腹装置（図6-10）

腹腔鏡手術を行うには、腹腔臓器とトロッカーを含めた操作機器との間にスペースを確保する必要がある。そのためには腹腔内にガスを送気して空間をつくりだす必要がある。腹腔内で常に安全、円滑な手術操作を維持するために、腹腔内圧をモニターしながら、自動的に二酸化炭素ガスを送気するのが気腹装置である。二酸化炭素ガスは、あらかじめ設定しているガス流量と気腹速度で自動的に送気され、事前に設定している腹腔内圧に維持される。腹腔内圧は8〜12 mmHgに設定する（多くの場合、良好な視野を得るためには、8〜10 mmHgの腹腔内圧で十分である）。

記録装置（図6-11）

内視鏡手術の際に、手術動画を保存することで、後から手術の振り返りをすることができる。これは内視鏡外科の最大のメリットといってもよい。実施した手術を復習することで、次の手術に活かすことができる。記録装置は次のようなものが望ましい。

・長時間記録できる
・手術画像の画質を落とさずに記録できる
・スタッフが使いやすい
・容易に編集ができる（記録ビデオをのちにPCのソフトで編集できる）

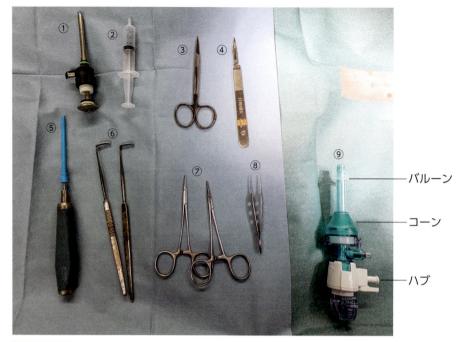

図 6-12 手術器具
①5 mmトロッカー、②5 mLシリンジ、③アリス剪刀、④No.11メス、⑤3 mmトロッカーと内套、⑥整形外科用リトラクター、⑦マイクロモスキート鉗子、⑧眼科用鑷子、⑨バルーントロッカー5 mm

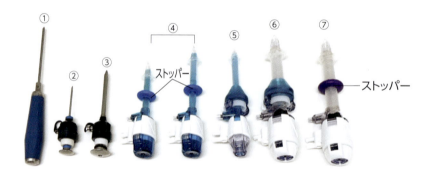

図 6-13 トロッカー
①3 mmトロッカーの内套、②2 mmトロッカー、③5 mmトロッカー、④5 mmバルーントロッカー、⑤5 mmコーン付きトロッカー（カメラポート用）、⑥10 mmコーン付きトロッカー（カメラポート用）、⑦12 mmバルーントロッカー

トロッカーと周辺器具

　トロッカー（カメラポートのトロッカーはバルーントロッカーが望ましい）、No.11メス、アリス剪刀、マイクロモスキート鉗子、眼科用鑷子、吊り出し鉤などが必要である（図6-12）。

　トロッカーはテレスコープや鉗子を体腔内に挿入するためのもので、直径2 mm、3 mm、5 mm、12 mmなどがある（図6-13）。トロッカーには気腹チューブを接続するハブがついている。小動物ではバルーントロッカーが用いやすい。

　筆者は、カメラポートにはバルーントロッカーを用いている。バルーントロッカーは先端付近のバルーンとコーン（可動ストッパー）で腹壁を確実に固定でき、テレスコープの出し入れの際にトロッカーが引き抜けるのを防止できるためである。

鉗　子（図6-14〜6-16）

　腹腔鏡専用の鉗子を使用する。潜在精巣摘出術には、

図 6-14	ケリー鉗子の先端

KARL STORZ Endoscopy Japan。組織の把持、剥離に用いる。

図 6-15　2 mm把持鉗子の先端
KARL STORZ Endoscopy Japan。先端が無傷性になっており、デリケートな組織の把持に有効である。

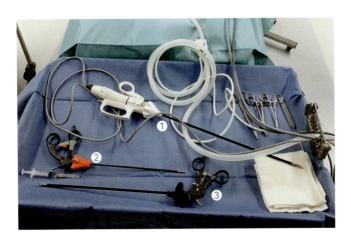

図 6-16　腹腔鏡下潜在精巣摘出術に必要な器具
①超音波手術システム SonoSurg（オリンパス）、②3 mm 把持鉗子（Aesculap®）、③ラチェット付き 5 mmケリー鉗子（KARL STORZ Endscopy Japan）。

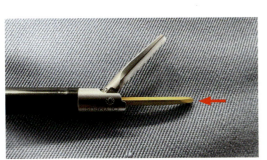

図 6-17　超音波凝固切開装置の先端
アクティブブレード（➡）が高速で振動し、摩擦の熱で血管を閉鎖しながら切開する。これにより血管がシーリングされるため、縫合糸による結紮が不要になる。

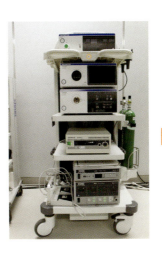

図 6-18　内視鏡タワー
上から気腹装置、ビデオカメラ装置、光源装置、超音波凝固切開装置、バックアップ用のビデオカメラ装置／気腹装置である。

バブコック鉗子などの無傷鉗子、ラチェット付きの把持鉗子などが必要である。通常は外径5 mm、長さ30 cmまたは33 cmの鉗子を用いるが、近年は2 mm、3 mm径のものや、長さ20 cmのものも販売されている。一般的に、小型犬や猫などでは径が細く長さの短い鉗子のほうがスムーズに手術を行いやすいが、術者の好みで決定するとよい。

止血切開装置（エネルギーデバイス）

エネルギーデバイスとして電気メス、超音波凝固切開装置などがあるが、当院では超音波凝固切開装置を好んで用いている（図6-16、6-17）。

内視鏡タワー

光源装置、ビデオカメラ装置、気腹装置、超音波凝固切開装置などを1つの架台に搭載しておくと取り回しがよい（図6-18）。

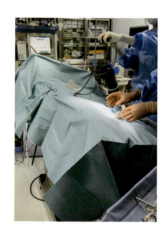

図 6-19 手術台を傾斜させた状態

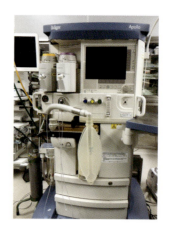

図 6-20 麻酔器
さまざまな人工呼吸モードが使用できるものが望ましい。

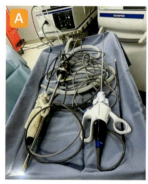

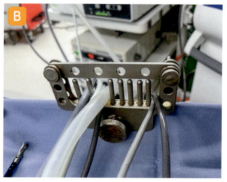

図 6-21 ケーブル、コード類落下防止の工夫

A 手術に用いる器具が多い場合、多くのコードを整理しなければならない。

B 写真のようなコードホルダーを用いると、取り扱いが容易になる。

手術台

腹腔鏡下潜在精巣摘出術では、精巣への鉗子操作を容易にするため、手術台の角度を手術中に調整する必要がある。そのため、手術台の天板は前後・左右への傾斜機能があるものを使用することが推奨される（図6-19）。

人工呼吸器（ベンチレーター）

腹腔鏡手術を行う際は、ベンチレーターによる呼吸管理が推奨される。腹腔鏡下潜在精巣摘出術では、気腹により腹腔内圧が上昇し横隔膜が頭側方向に変位するため、1回換気量が減少する。そのため気道内圧・換気量を管理できる麻酔器（図6-20）を準備することが望ましい。

無菌操作

腹腔鏡手術では全長が30 cm前後の長い器具を用いる。これらの長い器具は操作の際、無菌野から外れ汚染される可能性があるため、器具の取り回しに注意するようスタッフに周知しておく。また、電気メスなどのケーブルや、コード類の落下を防ぐ工夫が必要である（図6-21）。

術前の準備

術前検査

術前検査として身体検査、血液検査、尿検査、胸部X線検査、腹部超音波検査、血液凝固検査を年齢、既往歴に応じて実施するべきである。

前処置および麻酔薬の準備

前処置や麻酔薬の準備は一般外科手術と同様に行う。当院では以下のように行っている。

麻酔前投薬

・ミダゾラム 0.2 mg/kg、静脈内投与（犬・猫）
・ブトルファノール 0.2 mg/kg、静脈内投与（犬・猫）

麻酔導入薬

・アルファキサロン 犬 2.5 mg/kg、猫 5.0 mg/kg を効果が出るまで緩徐に静脈内投与
・ファモチジン 0.5～1 mg/kg 静脈内投与（犬・猫）
・メロキシカム 犬 0.2 mg/kg、猫 0.3 mg/kg、皮下投与

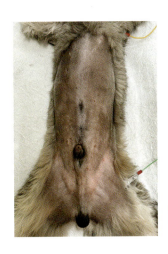

図 6-22　毛刈りの範囲

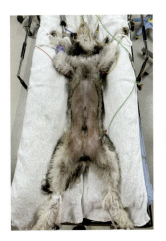

図 6-23　手術台への保定

左右に台を傾けたとき動物が落下しないように四肢に保定紐をかける。

麻酔維持
- セボフルランでMAC（最小肺胞内濃度）3.0〜3.5で維持

手術器具の準備

トロッカーの選択

　小型犬や猫では5 mmのテレスコープとトロッカーを用いる。大型犬ではカメラポートに10 mmのテレスコープを使用することが多いため、10 mmのバルーントロッカーを使用する。10 mmのテレスコープは体腔の深い大型犬の腹腔内を十分な光量で可視化することができ、画質も5 mmに比べ向上するため必要に応じて用いるとよい。

縫合糸

　3-0、4-0のモノフィラメント吸収糸（Monosyn）を用いている。

毛刈り

　毛刈りの範囲は剣状突起よりも数cm頭側から恥骨までとする（図6-22）。

手術台での動物の保定、消毒

　麻酔をかけ、毛刈りした動物を手術台の上に保定する。あらかじめ膀胱内の尿を抜いておく。腹腔鏡下潜在精巣摘出術では、術中に手術台を左右に傾斜させることが多いため、台から動物が落下しないように保定紐により四肢を固定する（図6-23）。大型犬ではとくに注意する。

周術期管理

麻酔時に注意してモニタリングする項目

呼気終末二酸化炭素分圧（$EtCO_2$）

　腹腔鏡手術では、気腹により確保した空間にテレスコープを挿入することで、腹腔内を可視化することができる。一方で気腹により横隔膜の伸展が起こると、肺の拡張が阻害され低換気が引き起こされる場合がある。そのため$EtCO_2$をモニターし、調節呼吸の換気量・換気圧を増加させるか、気腹圧を減少させて良好な換気状態を維持しなければならない。

　手術中に$EtCO_2$が持続的に50 mmHg以上を示す場合は、気腹圧を6 mmHg程度まで下げるか、調節呼吸の換気圧を上昇させて$EtCO_2$が適切に維持されるように努める。

気腹圧と気腹流量の調節

　気腹圧は8〜12 mmHgを基準とするが、可能であれば8 mmHgで手術を実施する。筆者はトロッカーを挿入する際、やや高めの気腹圧であるほうが安全であると判断した場合、一時的に気腹圧を10〜12 mmHgに上げることがあるが、トロッカー挿入後は8 mmHgに戻して手術を継続している。基本的に気腹圧は8 mmHg以上に上げない。小動物では高い気腹圧により換気状態が容易に悪化するためである。また、高い気腹圧は腹腔内臓器の循環抑制や肺の拡張が阻害されることによる呼吸抑制を引き起こす危険性もある。気腹流量は動物の体重により決定する（表6-1）。気腹流量の設定が低いと、一定の気腹圧に到達するまでに時間がかかる場合がある（とくに大型犬）。また、気

表6-1 体重による気腹流量 (文献15より引用、改変) 気腹に用いる二酸化炭素ガス流量は、動物の体重により決定する。		
二酸化炭素ガス流量	体重2.5 kg未満	<0.5 L/分/kg
	体重2.5〜14 kg	0.5〜1 L/分/kg
	体重15 kg以上	1 L/分/kg
気腹圧	8 mmHg (8〜12 mmHg)	

腹流量が高いと腹腔内が乾燥し、術後癒着の原因になることがあるほか、二酸化炭素ガスのロスにつながる。

呼気終末陽圧 (PEEP)

肺のコンプライアンスが低下している動物や高齢の動物では、低換気を防ぐためにPEEPを用いることがある。筆者はPEEPを用いる場合、3〜5 cmH$_2$Oに設定している。PEEPにより低圧の酸素を持続的に給与することで、動物の換気不良を防ぐことができる。

セッティングの基本的な考え方

腹腔鏡下潜在精巣摘出術においては、モニターの位置や術者・助手 (カメラ係) の立ち位置といったセッティングを適切に整えなければ、手術を行いにくくなる。そのため、セッティングに関する基本的な考え方を押さえておく必要がある。これは腹腔鏡手術の基礎となる重要な事項であり、より難易度の高い手術に取り組む際にも有用である。基本となるコアキシャル・セッティングとパラアキシャル・セッティングについて、以下に解説する。

コアキシャル・セッティング

通常の開腹手術 (図6-24-A) では、術者が目標となる組織を肉眼で視認し、左右の手に持った手術器具を用いて手術を行う。これに対して、腹腔鏡で行うコアキシャル・セッティングでは、図6-24-Bのように、術者、目標臓器、モニターを一直線に配置することで、開腹手術と同様の感覚で手術を行うことができる。図6-24-Bの上部に示したように、術者の鉗子がモニター画面内の左右から表示されるため、開腹手術に近

い鉗子操作が可能になる。

パラアキシャル・セッティング

パラアキシャル・セッティングは、カメラの軸と術者の鉗子の進入方向が異なるときに用いるセッティング法である。

人医療では、図6-25のように、術者が患者の側面に立つことが多い。これは患者の反対側に助手が立ち、手術の補助をすることが多いためである。このような場合、図6-25-Aのようにモニターを術者の正面に配置すると、モニター画面上では鉗子が横側から挿入されるように表示される。このようなセッティングで手術を続行すると、実際の感覚と異なるため術者の疲労が増してしまう。

そこで、図6-25-Bのように、モニターをカメラの軸の正面に配置すると、モニター画面に表示された鉗子の向きと術者の操作感覚が一致する。つまり、モニターの配置は術者にあわせるのではなく、カメラの軸に合わせるとよい。

配置の基本

腹腔鏡下潜在精巣摘出術は、コアキシャル・セッティングでも実施可能であるが、カメラ係との干渉を避けるためパラアキシャル・セッティングで行うほうがやりやすいことがある。最初は違和感があるかもしれないが、ボックスなどでトレーニングすることにより、スムーズな鉗子操作ができるようになる。ただし、コアキシャル・セッティングはさまざまな手術に応用が可能なため、その原理を十分に理解しておくことが望ましい。以下に基本的な配置方法について解説する。

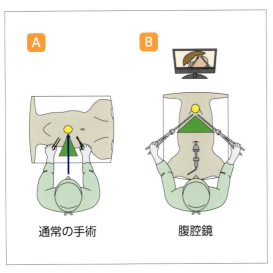

図 6-24　コアキシャル・セッティング

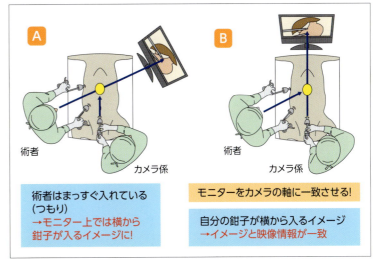

図 6-25　パラアキシャル・セッティング

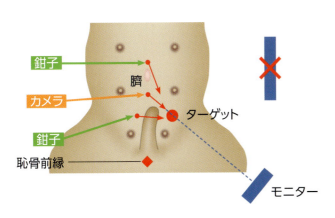

図 6-26　コアキシャル・セッティングの配置図

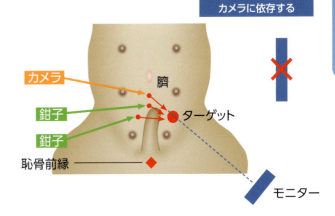

図 6-27　パラアキシャル・セッティングの配置図

コアキシャル・セッティング

図6-26は、コアキシャル・セッティングで潜在精巣摘出術を行う場合の配置図である。

カメラは臍下のポートから挿入し、動物の尾側45度に置いたモニターをカメラ係がほぼ正面から見る形になる。カメラポートの左右に挿入したポートから鉗子が挿入され、手術が行われる。避妊手術と比較し、ターゲットである精巣が尾側に存在するため、カメラや鉗子が進む方向に角度が付く。そのため、動物種／体型／体重によってはカメラと鉗子が干渉する場合がある。

手　順

臍下にカメラポート（第1トロッカー：5 mmバルーントロッカー）を入れた後、恥骨前縁と臍の中間の位置で包皮の外側（右または左）に第2ポート（5 mm金属製トロッカー）を設置する。臍と剣状突起の間の正中（カメラポートより頭側に2～4 cm）に第3ポート（3 mmまたは2 mmトロッカー）を入れる（図6-26）。

パラアキシャル・セッティング

パラアキシャル・セッティングでは、カメラが臍下から入り、尾側の2つのポートから左右の鉗子が入る。鉗子同士の間隔が狭いため操作は行いにくいが、カメラとの干渉を避けることができる。パラアキシャル・セッティングの場合、カメラの軸の正面にモニターが設置されるようにする（図6-27）。次ページから詳細を解説する。

犬の腹腔鏡下潜在精巣摘出術：トロッカーの設置

トロッカーの設置位置

以下、パラアキシャル・セッティングの場合のトロッカー挿入（ハッサン法）について記載する。トロッカーは3カ所に設置する（図6-28）。

動画でわかる
第1トロッカー設置まで（雌犬）
https://e-lephant.tv/ad/2003823/

動画でわかる
第2、第3トロッカー設置まで（雄犬）
https://e-lephant.tv/ad/2003824/

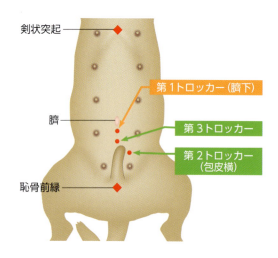

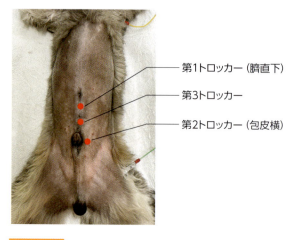

図6-28 トロッカーの設置位置

第1トロッカーの設置位置

トロッカー挿入孔の作製

第1トロッカーはテレスコープを挿入するカメラポートとなる。臍直下から約1 cm尾側（動物の体格、体重などにより異なる）の皮膚にトロッカーを押し当て、皮膚についたトロッカーの跡を目安にメスで切開する（図6-29-①）。

アリス剪刀で正中の脂肪を剥離していく（図6-29-②）。

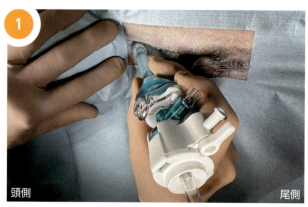

トロッカー先端を皮膚に押しつけ、切開孔の目安をつける。

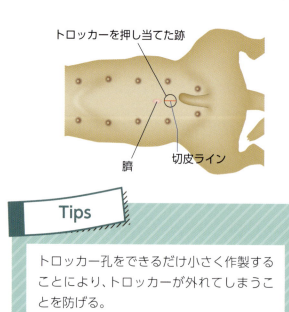

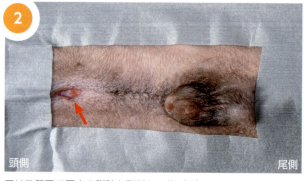

アリス剪刀で正中の脂肪を剥離した後（➡）。

図6-29 トロッカー挿入孔の作製

（次ページにつづく）

Tips

トロッカー孔をできるだけ小さく作製することにより、トロッカーが外れてしまうことを防げる。

腹膜まで脂肪を剥離したら、眼科用鑷子で腹膜の正中を把持する（図6-29-③）。

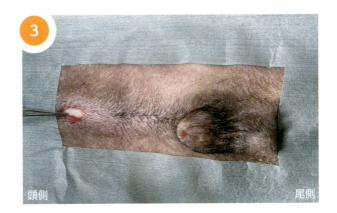

眼科用鑷子の把持部の左右にマイクロモスキート鉗子をかけて、白線の両側の筋膜を左右に牽引する（図6-29-④）。

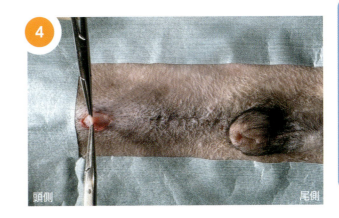

No.11のメスを使用し、腹膜の正中（白線上）を切開する（図6-29-⑤）

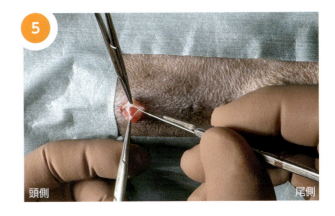

作製した孔から腹腔内を目視すると、腹膜の下に脾臓が確認できる。この段階では、鎌状間膜の脂肪などにより腹腔内が確認できないことがある。その場合はメッツェンバウム剪刀など先端が鈍な器具を腹腔内に挿入し、脂肪層を剥離して腹腔内を目視で確認する。臓器を損傷しないように気をつけながら、作製した孔に整形外科用のリトラクターを挿入する（図6-29-⑥）。

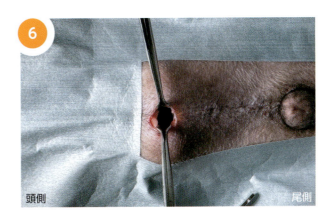

図 6-29 トロッカー挿入孔の作製（つづき）

第1トロッカーの設置と気腹

バルーントロッカーを挿入する際、整形外科用の幅の狭いリトラクターを用いて、腹壁を持ち上げながら行うことにより、腹腔内臓器の損傷を避けることができる（図6-30-①）。

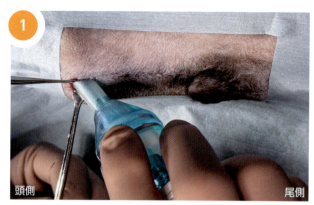
バルーントロッカーを挿入している。

バルーンを拡張したあと、トロッカーを手前に引き、バルーンを腹壁に密着させた状態で、トロッカーに付属するコーンを腹壁方向へ下げ、腹壁を挟み込むようにしてトロッカーを固定する（図6-30-②）。

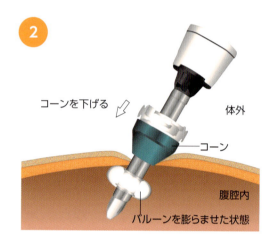

二酸化炭素ガス送気チューブをトロッカーのコックに取り付け、気腹装置から二酸化炭素ガスを送り込む（図6-30-③）。徐々に気腹されていることを内視鏡のモニター画面で確認する。また、気腹圧が8〜10 mmHgで安定し、人工呼吸器の状態も問題がないことを確認する。

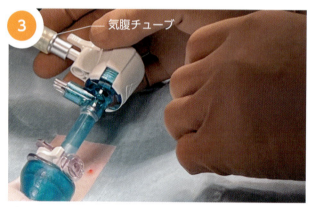
バルーントロッカーをコーンで固定し、気腹チューブを接続する。

図 6-30　第1トロッカーの設置と気腹

Tips

小型の動物では腹腔内のスペースが狭く、トロッカーの先端から対象臓器までの距離が短いため、カメラポートにはバルーントロッカーを用いるほうが有利である。バルーンなしのトロッカーは、先端を十分に挿入しないと、操作中に抜けるおそれがあり、対象臓器までの距離が取りにくいことがある。これはとくに小型の動物において問題となる。

腹腔内の観察

第1トロッカーよりテレスコープを挿入し、腹腔内全体を観察する（図6-31）。この時点で、腹腔内臓器に損傷がないか、腹壁切開部からの出血がないかどうかなどをチェックする。過去の手術による癒着や、内臓臓器の異常なども同時にみておく。

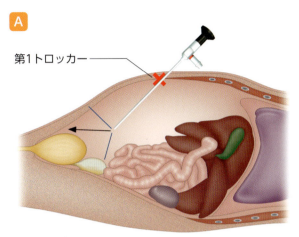
テレスコープ挿入位置

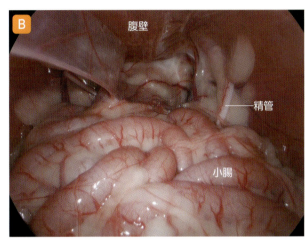
腹腔内の観察

図6-31 腹腔内の観察

第2トロッカーの設置

第1トロッカーを設置して気腹を行うと、それ以降のトロッカーの設置は挿入状況を可視化しながら行うことができる。第2トロッカー（5 mm径）は恥骨前縁よりやや頭側、包皮のすぐ横の位置に設置する。

第2トロッカー挿入位置の確認

第1トロッカーからテレスコープを尾側に向けて挿入すると、正面に膀胱が見える。この視野にて第2トロッカー挿入部位を皮膚の上からトロッカーの外套で押さえる（➡）と、鉗子の挿入方向がイメージできる（図6-32-①）。適切な穿刺位置を決めた後、第2トロッカーを挿入する。

メスで切開した創よりマイクロモスキート鉗子を挿入して腹壁の孔を広げることで（図6-32-②）、トロッカーをスムーズに挿入することができる。

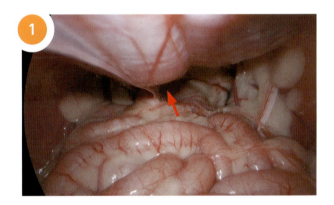

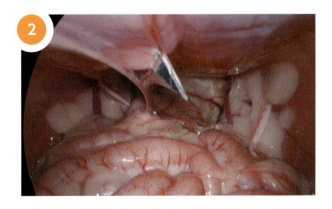

図6-32 第2トロッカーの設置

（次ページにつづく）

> **Tips**
> 第2トロッカーは膀胱に近いため、トロッカー穿刺時や、鉗子による操作時に臓器損傷を起こさないよう注意する。

第2トロッカーの挿入

トロッカーの先端が臓器の方向に向かないよう、内視鏡像で視認しながらトロッカーを挿入する（図6-32-③）。鉗子を用いて消化管を圧排し、精巣を露出させる（図6-32-④）。

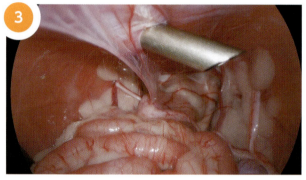
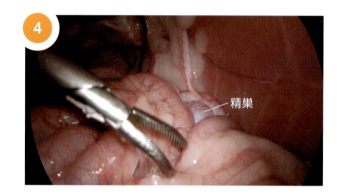

トロッカーの内套を抜いた状態。

> 図 6-32　第2トロッカーの設置（つづき）

第3トロッカーの設置

第3トロッカーは2 mm径または3 mm径のものを用いる。超音波凝固切開装置などのエネルギーデバイスは、第2トロッカーから挿入して用いることが多いため、第3トロッカーは動物への侵襲を配慮し、2 mm径のものを用いるのもよい。第3トロッカー挿入部位を第1トロッカーから挿入したテレスコープで確認する（図6-33）。

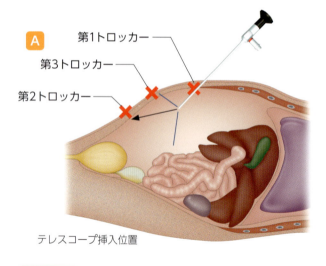

テレスコープ挿入位置

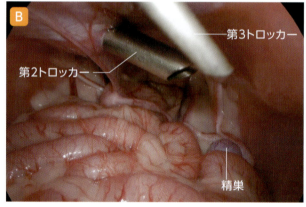

腹腔内の観察。

> 図 6-33　第3トロッカーの設置位置の確認

第3トロッカーはあまり尾側に設置すると鉗子操作が行いにくくなるので、操作するイメージをもちながら、トロッカー挿入位置を決める。

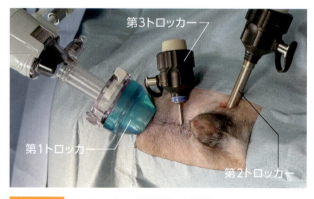

> 図 6-34　トロッカー設置後の外観

犬の腹腔鏡下腹腔内潜在精巣摘出術：腹腔内での操作

体位変換と術者の移動

　3本のトロッカーの設置が終了したら、カメラポート（第1トロッカー）より腹腔内を見て、まず、精巣の位置を確認する。その後、必要に応じて（精巣が消化管の下に隠れて見えないときなど）体位を変換する。目的の精巣がある側を上に上げることで、臓器の重さにより脾臓、腸管などが移動し、精巣が見えやすくなる。術者・助手（カメラ係）はともに動物の左側（目標臓器の反対側）に立つ（図6-35）。

腹腔内での操作
https://e-lephant.tv/ad/2003825/

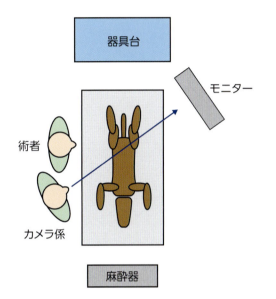

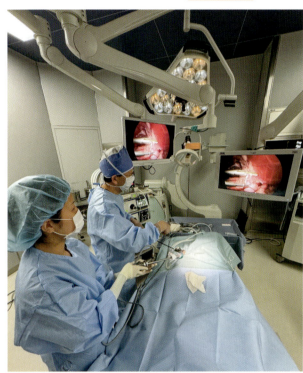

図 6-35　体位変換と術者の移動

左側腹腔内潜在精巣の処置

　パラアキシャル・セッティングで施術する。第1トロッカーよりテレスコープを尾側に向けて挿入し、第2、第3トロッカーより左右の鉗子を腹腔内に挿入する（図6-36）。

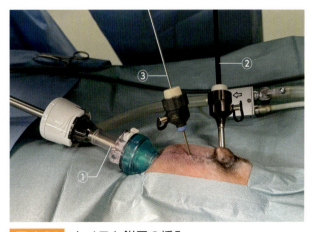

図 6-36　カメラと鉗子の挿入
①第1トロッカー（テレスコープ）、②第2トロッカー（超音波手術システム SonoSurg）、③第3トロッカー（2 mm 把持鉗子）

潜在精巣では鉗子のワーキングスペースが小さいため、鉗子の挿入はゆっくりと確認しながら行う（図6-37）。中央にターゲット臓器である精巣が確認できる。

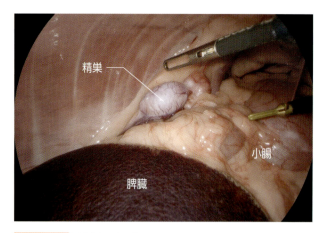

図 6-37　精巣の観察

把持鉗子で左腹腔内潜在精巣を把持し、上方向（腹側）に牽引する。精巣、精巣動静脈、精管を確認する（図6-38）。

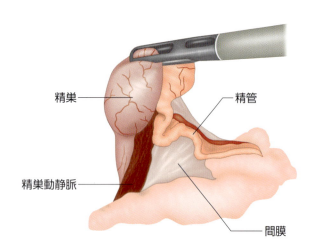

図 6-38　精巣の把持

精巣動静脈と精管の間にある間膜を、把持鉗子で剥離する（図6-39）。

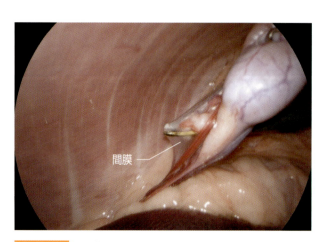

図 6-39　間膜の剥離

精管とそれに併走する精管動静脈を、超音波凝固切開装置で同時に切断する（図6-40）。

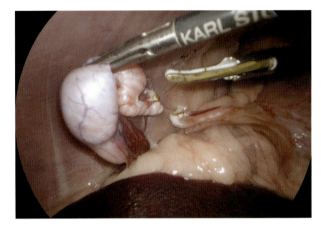

図 6-40　精管と精管動静脈の切断

精巣動静脈に付着する間膜を超音波凝固切開装置で切除する（図6-41）。

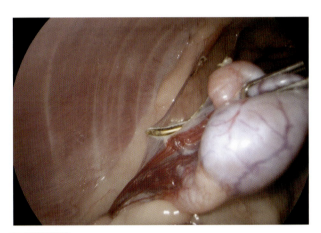

図 6-41　間膜の切除

精巣動静脈を超音波凝固切開装置で切断すると、左腹腔内潜在精巣が完全に切離される（図6-42）。

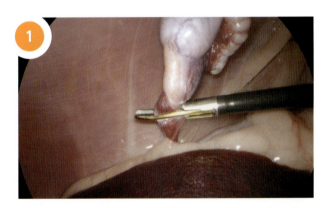

①

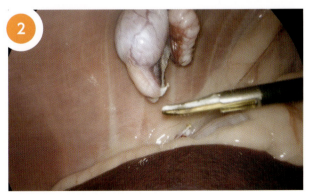

②

図 6-42　精巣動静脈の切断

Tips

超音波凝固切開装置のアクティブブレード（金色の部分）は高速振動すると熱をもつため、腹腔内で出力する際は、原則的にアクティブブレードが手前になるようにする。アクチベーションした後は数十秒間加熱されているので、先端が腸管や膀胱などに触れないようにする。

右側腹腔内潜在精巣の処置

次に、右側潜在精巣の処置に移る。基本的な手順は、左側と同様である。

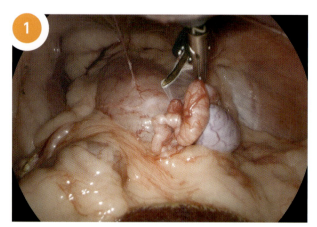
精巣動静脈と精管の間にある間膜を切離する。

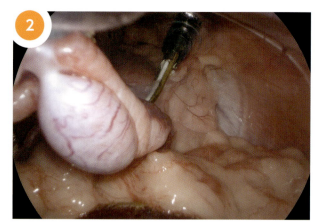
左手鉗子にて精巣を把持し、カウンタートラクション（臓器を牽引し、張力をもたせた状態）をつくって間膜の処置を続ける。

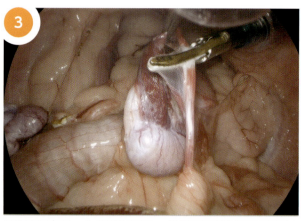
間膜処理が終わった精巣動静脈を、超音波凝固切開装置で切断する。

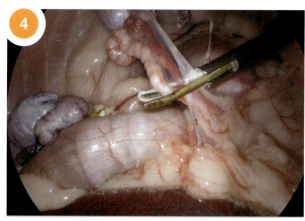
精管と精管動静脈を超音波凝固切開装置で同時に切断する。

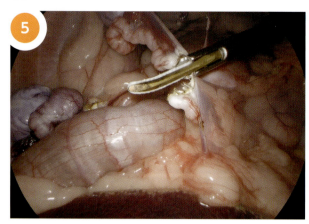
精管と精管動静脈の切断が終了するところ。

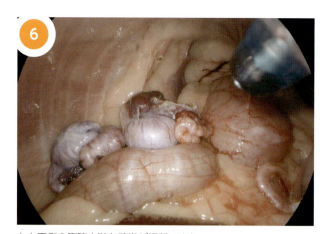
左右両側の腹腔内潜在精巣が切離できた。

図 6-43　右側腹腔内潜在精巣の処理

犬の腹腔鏡下腹腔内潜在精巣摘出術：精巣の体外への取り出し〜閉創

精巣の体外への取り出し

間膜と血管・精管の処置が終了したら、第2トロッカーより体外に精巣を取り出す（図6-44）。

第2トロッカーごと把持鉗子を抜去し、精巣を引き出す（図6-45-①）。引き出した精巣の一部を曲のモスキート鉗子で把持して、精巣全体を引き出す（図6-45-②）。

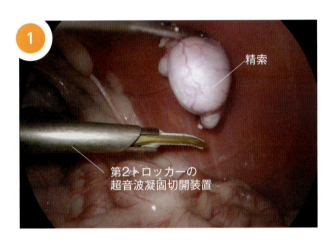 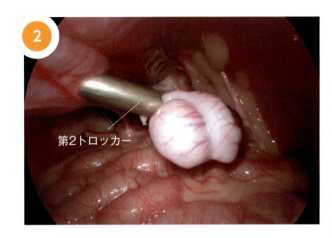

図 6-44　精巣の摘出（内視鏡像）

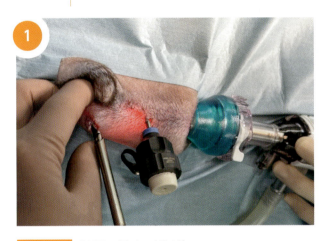 

図 6-45　精巣の摘出（体外）

Tips

回収袋は、精巣が腫瘍化していることが疑われるときに用いる。筒状に丸めた回収袋は、5 mmのトロッカーから挿入し、腹腔内で展開する。切除した精巣を内部に入れた後、入口を閉じ、トロッカー孔より腹腔外に取り出す。このとき、トロッカーをいったん抜いて、必要に応じて切開口を広げるとよい。

回収袋を用いた摘出
2つの精巣を回収袋に収納した後、トロッカー孔から腹腔外へ潜在精巣を取り出す。

腹腔内の止血の確認とトロッカーの抜去

精巣の摘出が終了した後、内視鏡像で腹腔内の出血の有無などを観察する（とくに精巣の間膜や血管・精管の切断を行った付近をよく観察する）（図6-46）。腹腔内の観察が終了したら、気腹を解除する。

第3トロッカーを抜去した後、第1トロッカー（バルーントロッカー）のバルーンの空気を抜き、バルーントロッカーを抜去する（図6-47）。

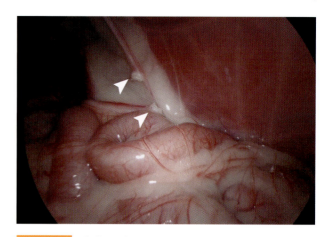

図 6-46 止血の確認
精管と血管の切断部分（▷）。

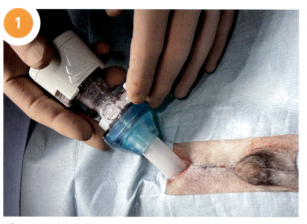

バルーンの空気を抜く。

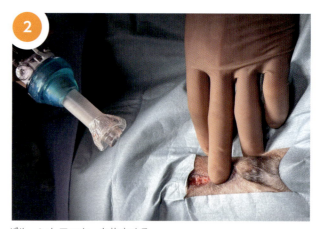

バルーントロッカーを抜去する。

図 6-47 精巣の摘出（体外）

腹壁の縫合

腹膜−筋層の縫合を行う。トロッカー孔の筋膜は、腹膜を含めて1〜3糸縫合する。腹壁を縫合する際、中央に1糸縫合した後、その糸を助手に引き上げさせて、腹壁を持ち上げた状態で追加の縫合をすると、腹壁の閉鎖が容易になる（図6-48）。

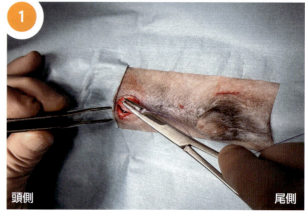

第1糸をかけているところ。

図 6-48 第1トロッカー孔の腹壁の縫合

（次ページにつづく）

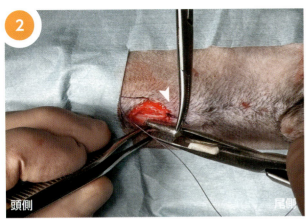
第1糸を助手に牽引してもらい（▷）、第2糸の縫合を行う。

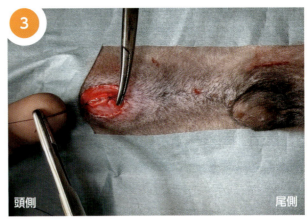
第2糸の結紮後。

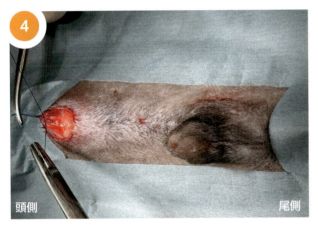
第1糸の下にかけた第3糸を結紮しているところ。

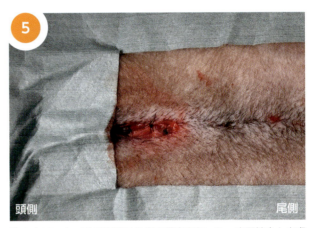
第1トロッカー孔の腹壁に3針の縫合を行った。皮下縫合と皮膚縫合はほかの孔の閉鎖時にまとめて行う。

図 6-48 第1トロッカー孔の腹壁の縫合（つづき）

残りのトロッカー孔の閉鎖

残りのトロッカー孔の腹壁の縫合と、皮下組織の縫合を行う（図6-49）。その後、皮膚を定法どおり1～2針縫合する。切開部の皮下にマーカインを注入し、手術終了とする。

第3トロッカーに2 mmのトロッカーを用いた場合は、縫合しなくてもよい場合が多い。本症例では第3トロッカー孔の縫合は行っていない。ただし、手術中にトロッカーを乱雑に操作すると、トロッカー孔が広がり縫合が必要になる場合があるため、注意が必要である。

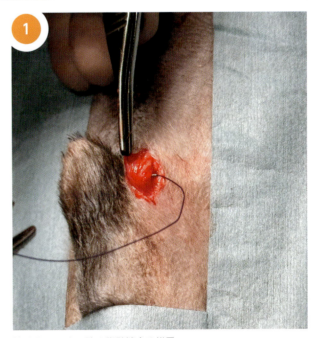
第2トロッカー孔の腹壁縫合の様子。

図 6-49 残りのトロッカー孔の閉鎖
（次ページにつづく）

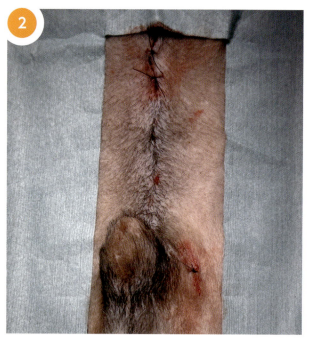

手術終了時の外観。抜糸は術後7〜10日で行う。　　手術後の全体像

図 6-49 残りのトロッカー孔の閉鎖（つづき）

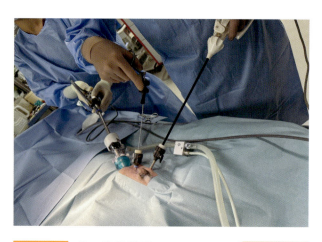

図 6-50 犬の腹腔鏡下
潜在精巣摘出術（通し）

https://e-lephant.tv/ad/2003826/

症例：犬の腹腔鏡下鼠径部潜在精巣摘出術：腹腔内での操作

本症例は、術前の身体検査により右側の腹腔内潜在精巣を疑った犬である。腹腔内を観察すると、右側骨盤腔頭側には精巣が目視できなかった。しかし、精巣動静脈と精索が鼠径部から出ているため（図6-51）、鼠径部に精巣が存在する可能性が示唆された。

精巣の牽引

精索を把持鉗子により牽引する（図6-52）。ある程度牽引しても精巣を引き出せない場合は、鼠径輪の靱帯の一部を鋏などで切除する必要がある。

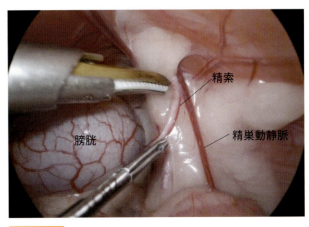

図 6-51　腹腔内の観察

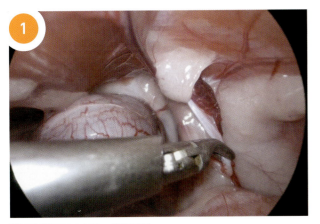

精索を鉗子でつかみ、牽引する。

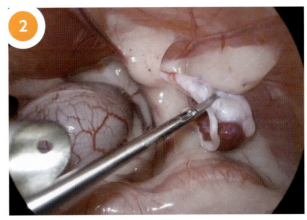

精索の牽引により、精巣を引き出したところ。

図 6-52　精巣の牽引

精索・精巣動静脈の切除

精索および精巣動静脈を、超音波凝固切開装置にて一括で切除する（図6-53）。

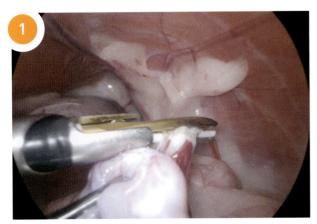

切除中。

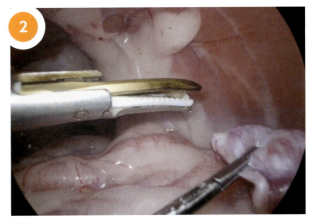

切除が完了したところ。

図 6-53　精索・精巣動静脈の切除

精巣の体外への取り出し

　精巣は鉗子先端で把持し、第2トロッカー近くまで引き寄せる（図6-54-①）。第2トロッカーを引き抜きながら、トロッカーごと精巣を腹腔外へ取り出す（図6-54-②、6-54-③）。

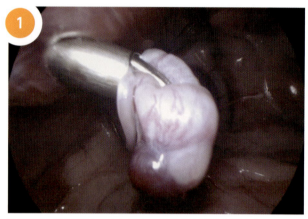

精巣を鉗子で把持し、トロッカーの先端まで引き寄せる。

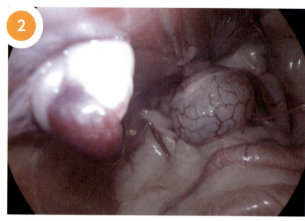

トロッカーを引き抜きながら鉗子とともに精巣を引き出す。

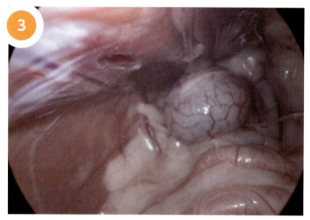

取り出した後の所見。

図 6-54 精巣の摘出

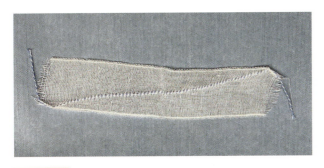

| 図 6-55 | 腹腔鏡用ガーゼ |

腹腔鏡専用のガーゼ。5 mm トロッカーから挿入可能で、出血時の圧迫止血などに用いる。X線造影糸が入っており、体内にガーゼを残す事故の防止に役立つ。

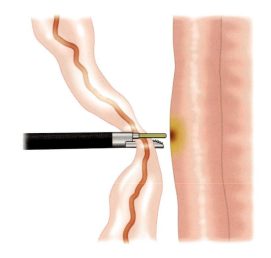

| 図 6-56 | キャビテーションによる血管・臓器の損傷（文献15より引用、改変） |

キャビテーションはアクティブブレードの先端で発生しやすく、アクティブブレードの先端が血管や腸管に接していると、出血や腸管穿孔につながるため、出力時には注意が必要である。

術後管理

基本的な鎮痛薬、術創ケア、運動制限が必要である。腹腔鏡手術は術後疼痛が少ないと考えられるが、適切な疼痛管理が必要である。通常はエリザベスカラーや術後服の装着は必要ない。必要に応じて鎮痛薬を2〜3日使用し、術後出血、排尿障害の有無を確認する。術後の抗菌薬は必要ない。

入院は必要なく、麻酔覚醒後に2〜3時間の経過観察時間をおいた後は退院可能である。7〜10日後に抜糸を行う。

飼い主には、当日の運動制限と安静を指示する。帰宅後は食事を与えることができる。翌日からは散歩などの運動も可能である。

合併症とその対応

腹腔内出血

腹腔鏡手術の合併症で、最も問題となるのが出血である。内視鏡外科では出血により視野が悪くなると手術の続行が難しくなるため、小さな出血でも丁寧に止血しなければならない。多くの場合、出血はガーゼ（図6-55）などで10分程度圧迫することで止血可能なため、圧迫止血を最初に行う。電気メスなどで盲目的に止血を行うと、臓器損傷やさらなる出血を引き起こす可能性があるため注意する。

臓器損傷

トロッカーを挿入する際、脾臓や肝臓などの実質臓器を損傷する危険性がある。腹腔内からカメラで目視しながらトロッカーの挿入を行うことを励行する。損傷の程度が軽度であれば、圧迫などで対処できるときもあるが、重度である場合は開腹手術への移行を考慮する。

エネルギーデバイスの取り扱い

超音波凝固切開装置は先端でキャビテーション（超音波振動がアクティブブレードの先端から前方へ出力されること）が発生し、意図せず血管や臓器を損傷する場合がある（図6-56）。出力するとき、アクティブブレードの先端が血管や臓器の方向に向かないように注意する。

また超音波凝固切開装置は、出力後10秒程度は、先端の温度が上昇している。その状態で血管や臓器に触れると、熱損傷を起こす危険性がある。そのため、次の動作に移る前に一呼吸おくようにする。

なお、電気メスの使用についても、多くの注意点がある。これらは他書に譲るが、それぞれのエネルギーデバイスの特性を知り、安全に手術を行うように留意する。

皮下気腫

気腹に用いる二酸化炭素ガスが皮下に漏れ、術後に皮下気腫を起こすことがある。おもな原因は、トロッカーに対してトロッカー孔が大きすぎることによる。軽度であれば二酸化炭素ガスは自然に吸収されるため経過をみてもよいが、重度であれば穿刺吸引で皮下に貯留した二酸化炭素ガスを抜かなければならない。トロッカー孔が大きくなってしまった場合は、1〜2針縫合して縫い縮めておくとよい。

精巣遺残

精巣が腫瘍化していた症例においては、精巣組織を完全に摘出できない場合、腹腔内に腫瘍細胞を播種する危険性がある。そのため、精巣組織を十分に視認して、確実な摘出を励行する。

また、腹腔外に精巣組織を取り出す際、トロッカー孔が小さいと精巣組織が分離し、体腔内に落下する可能性がある。精巣の大きさを考慮し、余裕を持って摘出できるようトロッカー孔のサイズを広げるようにするとよい。経験が浅い場合は、切開孔を大きめに広げておくほうが安全である。精巣が腫瘍化しているときは、回収袋などに収納したうえで腹壁の孔から摘出するほうがよい。

精巣動静脈からの出血

精巣動静脈からの出血は、この周囲組織の脆弱性や動物の年齢・肥満度によって起こりやすくなることがある。過度な組織の牽引や、盲目的なシーリングデバイスの使用により引き起こされることがほとんどである。精巣を把持した鉗子により強いカウンタートラクションをかけると、シーリングが終了する前に組織が裂けて出血することがある。シーリングデバイスで精巣動静脈を挟んだ後は、カウンタートラクションをやや緩めて切開凝固を行うとよい。

この部位で出血が起こった場合は、十分に出血位置を確認した後にシーリングデバイスで止血する。出血部位が正しく確認できない状態での盲目的な止血操作は、さらなる損傷を引き起こすため決して行ってはならない。

出血量が多く、出血箇所が視認できない場合は、ガーゼなどで圧迫するか、吸引送水管を用いて貯留した血液を取り除く。これらの処置で止血できない場合は、躊躇せず開腹手術に移行する。

これらの合併症は、多くの場合、腹腔鏡手術の基本手技を理解し、事前に適切なトレーニングを行っていれば起こる可能性が低い。適切な指導者のもと、十分な準備を行って手術に臨みたい。

コンバートのタイミング

腹腔鏡手術を行う際、腹腔鏡下での手術の継続が困難と判断した場合は、速やかに開腹手術に移行する。筆者が開腹手術に移行するときの基準は、以下の通りである。

出血が多い

圧迫止血で出血が止まらない場合や、出血が多く出血箇所が目視できない場合。

1つの手技が次の展開へ進まない状態が30分以上続く

腹腔鏡手術を行っていて、剥離や組織展開の手技が順調に進まない状態が30分以上続く場合は、それ以上腹腔鏡下で手術を続行することが困難である場合が多い。

実質臓器の損傷

脾臓や肝臓などの実質臓器を大きく損傷した場合。

開腹下でしか修復できないトラブル

消化管や横隔膜を損傷するなど、開腹手術でしか修復できないと判断した場合。

麻酔維持が困難

気腹を調整しても適切な換気が維持できない場合や、血圧低下などで麻酔が維持できないと判断した場合、また、迅速に手術を進めなければならない場合。

これらの状態に遭遇したときは、開腹手術への移行を考慮する。腹腔鏡手術で完遂することにこだわり、安全性が損なわれるようであれば本末転倒である。安全性を最優先し、開腹手術に移行するタイミングを逃さないようにする。

図 6-57　ドライボックスでの結紮練習法
専用の縫合パッドを用い、縫合および結紮の練習を行う。

https://e-lephant.tv/ad/2003827/

図 6-58　折り鶴練習法
トレーニングボックス内で折り鶴を折ることは、非常に有効な練習法である。

https://e-lephant.tv/ad/2003828/

腹腔鏡手術の練習法

　腹腔鏡手術は一般の外科手術と異なり、長さのある手術器具を用い、モニター画面を見ながら行う手術である。そのため、日常的な練習が必須である。両手の協調関係の練習のため、筆者はドライボックスでの結紮練習法（図6-57）、折り鶴練習法（図6-58）を推奨する。詳しくはほかの書籍を参考にしていただきたい。

おわりに

　腹腔鏡手術の上達を目指すためには、腹腔鏡手術の特性を理解し、各種器具、機器の使用法を熟知しなければならない。また、スタッフを教育してチームとして取り組む必要がある。これらは、腹腔鏡手術を実施して間もないころには、大きな障壁になることがある。なぜなら、通常の開腹手術のほうが、人員・用意する器具・手術時間が圧倒的に少ないからである。「腹腔鏡手術が動物と飼い主のためになる」という意識をチームの中で共有する必要がある。
　また、手術を実施する獣医師に「腹腔鏡手術のスキルを上達させたい」「腹腔鏡手術によって動物を救いたい」という強い意思がなければ、日々のトレーニングを継続できない。自らのモチベーションを高く保つためには、人医学の学会に参加したり、熟練者から意見を聞いたりすることをお勧めする。
　内視鏡外科は、今後、世界の動物医療の主軸になっていくことが期待される有望な分野である。基礎からきちんと学び、安全性を最優先して、手技の向上を目指していただきたいと願う。本稿が内視鏡外科を行う獣医師の助けになれば幸いである。

【参考文献】

1. 朴 永泰, 岡野昇三(2016): 犬における腹腔鏡下及び開腹下卵巣子宮摘出術の術後炎症反応に関する比較検討. *日本獣医師会雑誌*, 69(6):329-332.

2. Holub, Z., Jabor, A., Fischlova, D., *et al.*(1999): Evaluation of perioperative stress after laparoscopic and abdominal hysterectomy in premalignant and malignant disease of the uterine cervix and corpus. *Clin. Exp. Obstet. Gynecol.*, 26(1):12-15.

3. Freeman, L. J., Rahmani, E. Y., Al-Haddad, M., *et al.*(2010): Comparison of pain and postoperative stress in dogs undergoing natural orifice transluminal endoscopic surgery, laparoscopic, andopen oophorectomy. *Gastrointest. Endosc.*, 72(2):373-380.

4. Davidson, E. B., Moll, H. D., Payton, M. E.(2004): Comparison of laparoscopic ovariohysterectomy and ovariohysterectomy in dogs. *Vet. Surg.*, 33(1):62-69.

5. Devitt, C. M., Cox, R. E., Hailey, J. J.(2005): Duration, complications, stress, and pain of open ovariohysterectomy versus a simple method of laparoscopic-assisted ovariohysterectomy in dogs. *J. Am. Vet. Med. Assoc.*, 227(6):921-927.

6. Corriveau, K. M., Giuffrida, M. A., Mayhew, P. D., *et al.*(2017): Outcome of laparoscopic ovariectomy and laparoscopic-assisted ovariohysterectomy in dogs: 278 cases (2003-2013). *J. Am. Vet. Med. Assoc.*, 251(4):443-450.

7. Molinas, C. R., Binda, M. M., Manavella, G. D., *et al.*(2010): Adhesion formation after laparoscopic surgery: what do we know about the role of the peritoneal environment? *Facts. Views Vis. Obgyn.*, 2(3):149-160.

8. 磯部真倫, 古俣 大, 堀澤 信, ほか(2020): 動画で学ぶ！婦人科腹腔鏡手術トレーニング(磯部真倫 編), 中外医学社.

9. 橋爪 誠, 富川盛雅, 家入里志, ほか(2013): 安全な内視鏡外科手術のための基本手技トレーニング (橋爪 誠 監修), 大道学館出版部

10. 白石憲男, 猪俣雅史 (2012): 消化管がんに対する腹腔鏡下手術のいろは 技術認定に求められる基本手技の鉄則(北野正剛 監修), メジカルビュー社.

11. 内田一徳(2006): よくわかる内視鏡下縫合·結紮のコツと工夫, 永井書店.

12. Matsunami, T.(2022): Laparoscopic ovariohysterectomy for dogs under 5 kg body weight. *Vet. Surg.*, 51 Suppl 1:92-97.

13. 枝村一弥(2007): 第5章 去勢手術. In: ロジックで攻める!! 初心者のための小動物実践外科学, pp.123-126, チクサン出版社.

14. Christensen, G. C.(1985): 第9章 尿生殖器. 新版 改定増補 犬の解剖学(Evans, H. E., Christensen, G. C. eds.), 望月公子 監訳, pp.438-442, 学窓社.

15. 江原郁也(2018): 胸腔鏡·腹腔鏡手術の基本と有用性. *Tech. Mag. Vet. Surg.*, 22(4): 10-14.

第7章

エキゾチックアニマルの去勢手術

1. ウサギの去勢手術
2. フクロモモンガの去勢手術
3. その他のエキゾチックアニマルの去勢手術

1. ウサギの去勢手術

はじめに

犬・猫と同様に、ウサギにおいても去勢手術は一般的に行う手術であり、手技についても基本的には犬・猫と同様である。しかしながら、ウサギの解剖学的構造と生理学は犬・猫とは異なり、とくに麻酔による合併症のリスクが犬・猫より高いことが知られている[1]。大規模な前向き研究においては、健康なペットのウサギの麻酔関連死亡率は約1.4%と報告されており、犬や猫の約5倍であった[2]。また、術後の食欲不振や癒着が発生しやすいことが問題となる[1,3]。

以上のことが、ウサギの手術が敬遠される要因と考えられるが、犬・猫とは異なるウサギならではの解剖学的構造と生理学を理解し、さまざまなポイントを押さえれば、それほどリスクなく去勢手術を行えると考えられる。本稿ではウサギの去勢手術について、解剖・生理や疫学などを踏まえつつ、ステップ・バイ・ステップで解説する。

手術の目的

去勢手術を行う目的は、攻撃性、性行動および尿マーキングの軽減、繁殖の防止および精巣腫瘍の予防である[1,4]。また、精巣捻転（図7-1-1）、潜在精巣、鼡径ヘルニア（図7-1-2）の治療にも去勢手術が適応とされる。しかしながら、ウサギでは精巣腫瘍はまれとされており、精巣腫瘍のなかには、精上皮腫、間質細胞腫、セルトリ細胞腫、奇形腫などが含まれる[5]（図7-1-3）。実際には、同居ウサギがいる場合、尿スプレーがひどい場合に去勢手術を行うことが多い。

実施時期

ウサギの精巣は生後10〜12週で陰嚢に下降する[1,3,6]。精巣下降した後も6〜8週間、精巣は小さいままである[6]。この間はまだ性成熟していないため、性行動がみられることはほぼなく、生殖能力をもつ可能性は低い[6]。約5カ月齢になると精巣が大きくなり、性行動が増加してくる[6]（図7-1-4）。陰嚢に精巣が触知できるようになれば去勢できるが、基本的には早期の去勢手術は医学的理由から推奨されていない[4,6,7]。精巣が下降していない場合は6カ月齢まで待つ[4,6]。

> ### Tips
>
> ウサギは鼡径輪が大きいため、精巣下降後も鼡径輪を通って精巣が腹腔内に移動し、陰嚢に精巣が触知できない場合があるため、これを潜在精巣と間違わないように注意が必要である（図7-1-5）。

犬・猫では古典的に6カ月齢以降の去勢手術が勧められていたが、最近ではより早期の手術が推奨されている[8]。これはウサギでも当てはまり、成書では去勢手術の推奨時期が3カ月齢以降とされている[9,10]。しかしながら、筆者は基本的には成長がある程度落ち着いた6カ月齢以降に去勢手術行うことにしており、同居ウサギがいたり尿スプレー行動が激しかったりなどの要因により、飼い主が早期の手術を希望した場合は6カ月齢未満でも行っている。

去勢手術後も、精管の断端に残った精子により繁殖能力をしばらく保持している可能性がある。繁殖防止目的で去勢手術を行った場合、繁殖能力がなくなるのは去勢後4週間以降であることを飼い主にしっかり伝える必要がある[4,6]。また、術後に攻撃性、マウントなどの性行動、尿スプレー行動が残存する場合は、不完全な手術が行われた可能性を、さらに高齢の症例においては副腎皮質機能亢進症の可能性も考慮する[11,12]。

手術のデメリット

去勢手術のデメリットは麻酔のリスクや術後の食欲不振であるが、去勢手術で術後の食欲不振が問題になることはほぼない[6]。犬では去勢手術後に術前と同様の食事を継続した場合、肥満になることが証明されている。これは、性腺を摘出することにより食欲が増える一方で、代謝率が低下するためである[13,14]。ウサギも同様であり、性腺を摘出した場合は5.4倍肥満になりやすいと報告されている[15]。

犬では他にも甲状腺機能低下症、股関節形成不全、前十字靭帯断裂、高齢時の認知障害の発症率が、去勢手術を受けることにより有意に増加すると報告されているが、そもそもウサギではまれな病気が多く、現在のところ関連性は不明である[14]。

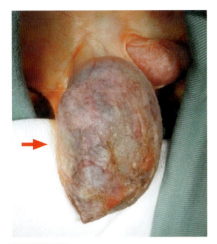
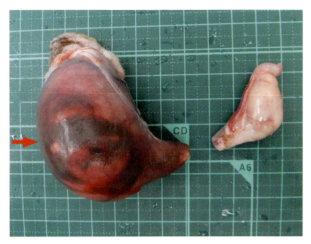

図 7-1-1　精巣捻転
右精巣(➡)が赤く重度に腫脹している。

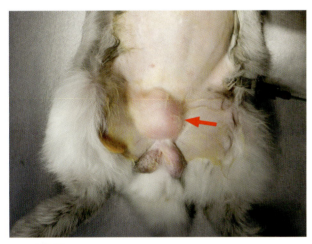

図 7-1-2　鼠径ヘルニア
膀胱(➡)が鼠径部から逸脱している。

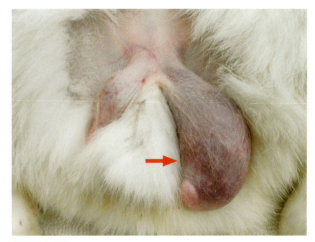

図 7-1-3　精巣腫瘍
右精巣は通常の大きさだが、左精巣(➡)が腫大している。

図 7-1-4　陰嚢の外観（正常例）
通常は左右差はなく、陰嚢内に精巣が収まっている。

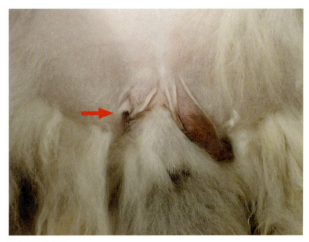

図 7-1-5　陰嚢の左右差
右陰嚢(➡)はあるが内部に精巣はなく、精巣が腹腔内に移動している。潜在精巣とは異なり、陰嚢があるのが違いである。潜在精巣の場合は陰嚢は発達しない。

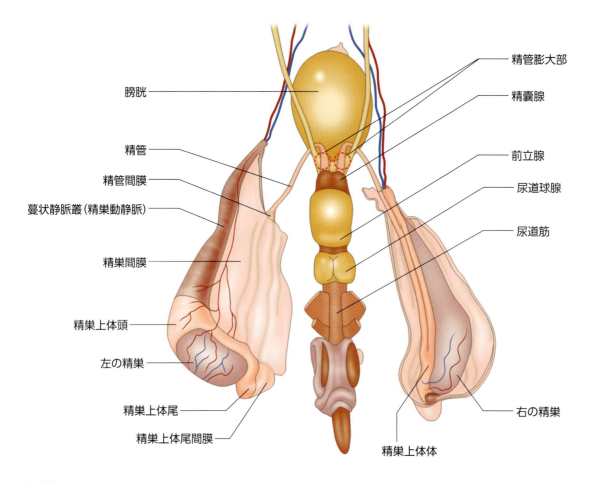

図 7-1-6　ウサギの雄性生殖器の模式図（文献16、17より引用、改変）
精巣、精巣上体、副生殖腺（精囊腺、前立腺、尿道球腺）から構成されている。

生殖器の解剖

　ウサギの雄の生殖器は精巣、精巣上体、精管、副生殖腺から構成されている（図7-1-6）。精巣は左右均一な大きさであり、尾極に顕著な精巣上体を伴って細長い形状となる（図7-1-7）。副生殖腺としては精囊腺、前立腺および尿道球腺が存在する。精囊腺は膀胱背側の尿道起始部、前立腺は精囊腺の尾側に1つずつ存在し、尿道球腺は尿道の陰茎移行部の背側に1対存在する[18,19]。ウサギの前立腺は前前立腺（Proprostate）、前立腺（Prostate）および1対の傍前立腺（Paraprostate）の4つの部位に区分される[18,20]。ウサギは陰茎骨をもたず、他のほとんどの有胎盤哺乳類とは異なり、精巣が陰茎よりも頭側に位置するのが特徴である。

　上述のとおり、精巣下降は約10〜12週齢で起こる。精巣下降後は基本的に精巣は陰囊内に位置しているが、ウサギは精巣下降後も鼠径輪が十分に閉鎖しないことと、精巣の形が細長いため、精巣下降後も精巣が腹腔内と陰囊内を移動できる[1,3,4,21]。精巣は精管により体腔内と連絡しており、精管は膀胱と尿管の背側を通って合流し1本になって精囊腺の腹側に開口している[18,20,22,23]。精管は精巣上体尾から精巣動静脈や神経などと一緒に鞘膜に包まれ走行し、鼠径輪を通って腹腔内に入っていくが、内鼠径輪までの鞘膜に包まれた組織全体を精索と呼ぶ（図7-1-8）。

　4カ月齢で精巣が片方でも陰囊に下降していない場合は潜在精巣と診断される[5]。潜在精巣の症例では陰囊も発達しないため、陰囊が発達しているかどうかを確認することで、精巣の腹腔内への移動と区別できる[5,24]（図7-1-9）。

　他の哺乳類とは異なり、ウサギの鼠径輪は生涯開いたままであると一般的にいわれている[1,3]。しかしながら、鼠径輪はすべての哺乳類で成長とともに完全に閉じるわけではなく（雌雄問わず）、ウサギの鼠径輪は比較的大きいだけである[4]。内鼠径輪は内腹斜筋、腹直筋と鼠径靭帯に囲まれたスリットであり、外鼠径輪は外腹斜筋の腱膜のスリットで、内鼠径輪と外鼠径輪が重なった部分が鼠径輪である（図7-1-10）。鼠径輪はただのスリットであるため、鼠径ヘルニア縫合術のように外科的に閉鎖しない限り、どの哺乳類でも開いたままである。

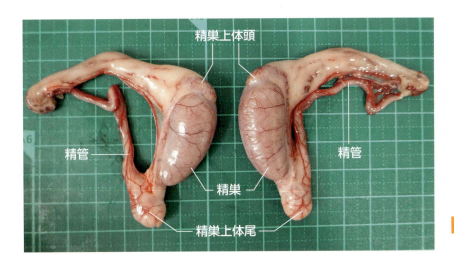

図 7-1-7　ウサギの精巣
精巣上体頭に脂肪が付着している。

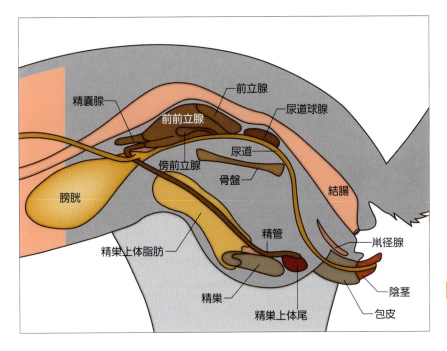

図 7-1-8　ウサギの解剖（模式図）
（文献19より引用、改変）
右ラテラル像。

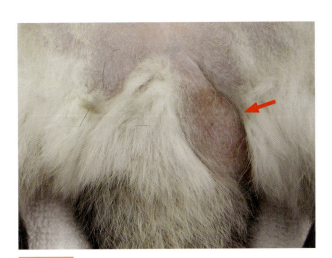

図 7-1-9　潜在精巣
左陰嚢（➡）は確認できるが、右陰嚢が確認できない。潜在精巣のため陰嚢も発育していない。

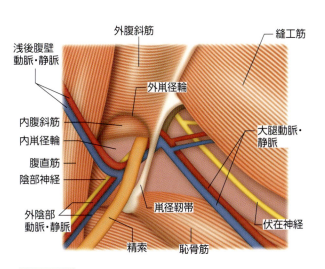

図 7-1-10　左鼠径輪（文献25-27より引用、改変）
内鼠径輪と外鼠径輪が重なった部分が鼠径輪である。血管や神経も鼠径輪を走行するため、どのような哺乳類でも完全には塞がっていない。

ウサギの去勢手術

131

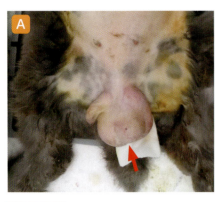
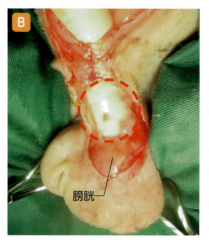

A この症例は去勢していない。左陰嚢内に膀胱が逸脱している（➡）ように見えるが、実際は直接鼡径ヘルニアである。

B Aの症例において、腹部切開によりヘルニア整復および去勢手術を行った。写真は逸脱している膀胱を整復しているところである。拡大した左鼡径輪（⭕）が確認できる。手術により陰嚢ヘルニアではなく直接鼡径ヘルニアであることが確認された。

図 7-1-11 鼡径ヘルニア

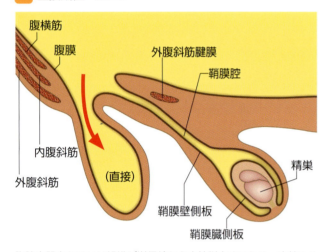
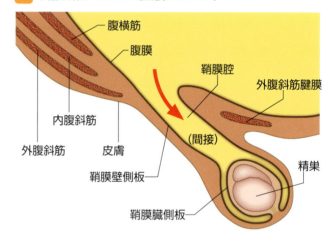

A 直接鼡径ヘルニア

腹腔内器官あるいは組織が鼡径輪から直接脱出するため、直接ヘルニアと呼ぶ。

B 間接鼡径ヘルニア（陰嚢ヘルニア）

腹腔内器官あるいは組織が鞘膜腔に脱出してヘルニアを起こすため、間接ヘルニアと呼ぶ。

図 7-1-12 雄の直接鼡径ヘルニアおよび間接鼡径ヘルニアの模式図 （文献25、29より引用、改変）

　上述のように、ウサギは鼡径輪が大きく開いているが、精巣が陰嚢内にあるときは、精巣上体に付随する大きな脂肪が鼡径管に位置することでヘルニアを防いでいる[4,28]。そのため、去勢手術を開放式で実施した場合は、鼡径輪を閉鎖しなければヘルニアが発生しやすいことが示唆されている[1,3,4,6,21]。しかしながら、去勢手術時の鼡径輪の閉鎖は必要ないと主張する記載もある[4,10]。ウサギの鼡径ヘルニアは直接および間接の両方が発生するが、去勢手術後にヘルニアが起こった場合は、基本的に間接ヘルニアである陰嚢ヘルニアとなるとされている[4,24]（図7-1-11、7-1-12）。

術前検査

　術前検査としては、通常の身体検査に加えて、犬・猫と同様に血液検査とX線検査の実施が、若くて健康なウサギにおいても推奨される。とくに高齢のウサギでは、無症状であっても胸腺腫などの重大な疾患が検出される可能性があるため、血液検査とX線検査を必ず行うべきである（図7-1-13）。

　肥満のウサギでは、高インスリン血症、高血糖や高トリグリセライド血症の可能性があり、ストレスにより短期間絶食しただけでも肝リピドーシスを容易に発症するため、術後の食欲不振には注意が必要である[30]。

　血液検査では筆者は基本的に、CBCの他、血液化学検査としてTP、ALP、GPT、BUN、CREと電解質を測定しており、肥満や高齢の症例ではTGも測定し

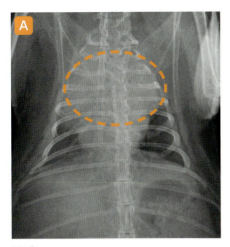
VD像

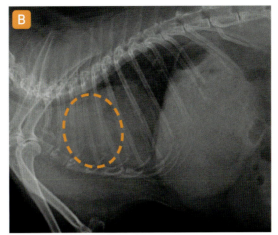
右ラテラル像

図7-1-13 胸腺腫のウサギのX線画像
前胸部に腫瘤が認められる（⭕）。

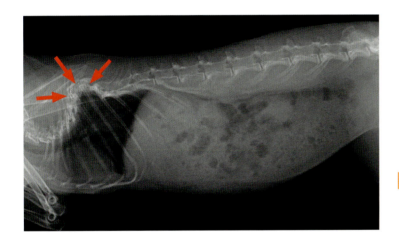

図7-1-14 背弯症のウサギのX線画像
右ラテラル像。胸椎に背弯症（➡）が確認できるが、このウサギでは臨床徴候はとくに認められなかった。

ている。

　X線検査では胸部と腹部を評価している。とくにウサギでは背弯症や側弯症などの椎体形成異常を偶発的に認めることが多く、15.2％のウサギで認められたと報告されている[31]（図7-1-14）。

　筆者は凝固系の評価までは行っていない。そこまで評価が必要な症例においては、予防的な去勢手術は行わないほうがよいと判断している。

手術手技の選択

　去勢手術にはいくつかの方法があり、その選択は術者によって異なる。手術後の鼠径ヘルニアを防ぐために鼠径輪を閉じる必要があることを除いては、犬・猫の去勢手術と同じ原則に従って実施できる[3]。すべての方法にメリット、デメリットがあり、それらを考慮して選択する。主な術式としては閉鎖式と開放式の2通り、アプローチ方法としては陰囊切開法、陰囊前切開法、腹部切開法の3通りがあるため、これらを組み合わせて行う[1,7,32]。

閉鎖式と開放式

　総鞘膜を切開せずに精巣を摘出する方法を閉鎖式、総鞘膜を切開して精巣を摘出する方法を開放式という。総鞘膜は腹膜と連続しており、開放式で行った場合は精巣動静脈を完全に露出できるため、結紮を確実に行えることがメリットである。その一方で、開放式は腹膜（総鞘膜）を切開するため、術後のヘルニアが生じやすいのがデメリットであるとされている[32]。

　閉鎖式はその逆で、術後のヘルニアの可能性がない

のがメリットであるが、精巣動静脈の結紮が不確実になる点がデメリットである。とくにウサギでは術後の鼠径ヘルニアが問題とされるため、閉鎖式を選択するのがよいと考え、陰嚢切開法による閉鎖式が推奨される場合もある[3]。閉鎖式は、とくに6カ月齢以下で推奨されている[10]。

アプローチ方法

陰嚢切開法は他のアプローチ方法より短時間で手術が終わり、技術的にもより簡単である。しかし、陰嚢の皮膚は薄くデリケートであるため、完全な毛刈りが難しい。部位的に無菌準備が他のアプローチ方法よりも困難であり、術前の毛刈りや消毒などでも炎症を起こしやすい[7]。また、陰嚢切開法は左右の陰嚢上を切開するため切開線が2本必要であり、術後、ケージの床材や糞便による術創の汚染の可能性が他の方法より高くなる[1,32]。

一方、陰嚢前切開法は1回の皮膚切開でよく、陰嚢切開法よりも術後の合併症の可能性が低いうえ、手術部位の毛刈りや無菌準備も陰嚢切開法に比べて容易である。陰嚢切開法よりは手術時間が長くなる傾向にあるが、慣れればさほど差がないと思われる。

腹部切開法は基本的には通常の去勢手術で選択することはなく、潜在精巣や鼠径ヘルニア、陰嚢ヘルニアの手術時に実施するアプローチ方法である[1,32]。

以上を踏まえて筆者は基本的に、精巣動静脈の結紮を確実に行える開放式、合併症の可能性が低い陰嚢前切開法によるアプローチで去勢手術を行っている。

術前準備

前準備

ウサギは嘔吐できないため、麻酔前に何時間も絶食する必要はない。ただし、口を空にし、胃が満腹にならないようにするために、1～2時間の短い絶食時間は必要である[1,30]。腹部膨満の程度は呼吸のしやすさに大きく影響する。これは、ウサギの吸気、呼気の際の胸の動きは、肋間筋の働きではなく主に横隔膜の動きによるためである[30]。

ウサギには大きな騒音、慣れない環境はストレスとなり、肉食動物の視覚、匂いなどもストレス源となる。そのため、入院したウサギは犬、猫、フェレット、猛禽類などの捕食動物から遠ざけて管理する[30,33]。

麻酔薬・抗菌薬の準備

疼痛も大きなストレス源となるため、周術期には多角的な疼痛管理が不可欠である[1,30]。ウサギにおいても、作用を最大限かつ副作用を最小限にして麻酔の要素（鎮静、鎮痛、筋弛緩、有害反射の抑制）を達成するバランス麻酔（Balanced anesthesia）の概念に則り麻酔を行う[2,30]。実際にはどのような麻酔方法でもよいが、短時間作用型の麻酔薬、または特定の拮抗薬がある麻酔薬が推奨されている[33]。

基本的に筆者は、メデトミジン（0.1 mg/kg）とケタミン（5 mg/kg）を混合して筋肉内投与を行ってから、イソフルランの吸入麻酔により維持している。ストレスをかけないように短時間で鎮静することが重要であるため、この方法で行っている[1,30]。

筆者は、去勢手術の疼痛管理ではメロキシカム（0.5 mg/kg、1日1回、皮下投与もしくは経口投与）を使用しており、症例の性格（ストレスに弱い、神経質など）によってはブプレノルフィン（0.02 mg/kg、1日2回、皮下投与）も用いている。また、閉創時は術創の皮下にリドカイン（1～4 mg/kg）とブピバカイン（2 mg/kg）の浸潤麻酔を投与している。しかしながら、リドカインやブピバカインなどの局所麻酔薬は、血管内迷入や過量投与により急性中毒が起こるため、投薬には注意が必要である。毒性量は犬・猫と同様と考えられている[2]。

周術期の抗菌薬も犬や猫と同じガイドラインに従っているが、犬・猫で一般的に用いられるセファゾリンはウサギでは禁忌である。筆者は1歳齢未満の症例では、トリメトプリム・スルファメトキサゾール（30 mg/kg、1日2回、皮下投与もしくは経口投与）、1歳齢以上ではエンロフロキサシン（10 mg/kg、1日2回、皮下投与もしくは経口投与）を用いている。

手術器具の準備

ウサギの手術は犬・猫と同様の手術器具を使用して行うことができ、去勢手術でも特別な器具を必要とはしない。基本的には、タオル鉗子、メス、アドソン鑷子、メッツェンバウム剪刀、外科剪刀、モスキート鉗子、持針器があれば去勢手術を行える（図7-1-15）。また、ウサギの手術では術後癒着のリスクの軽減のために、パウダーフリーの手術用グローブが推奨されている[3,34]。

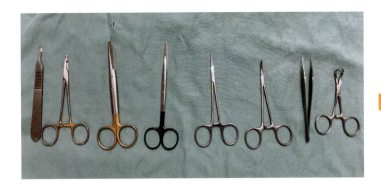

図 7-1-15 手術器具
筆者が使用している器具。特別な器具は必要としない。左から、メスハンドルNo.3、オルセン・ヘガール持針器、外科剪刀、メッツェンバウム剪刀、モスキート鉗子（直）、モスキート鉗子（曲）、無鉤アドソン鑷子、バックハウス・タオル鉗子。

Tips

縫合糸の選択は、ウサギの去勢手術の重要なポイントである。基本的には犬・猫に適用される一般原則がウサギにも当てはまるが、ウサギは縫合糸などの異物に反応して過剰な肉芽組織を形成しやすく、術後の縫合糸の反応は一般的な合併症である[34]。とくに、非吸収性の縫合糸が組織内に残ると、持続的な炎症反応が引き起こされる[34,35]。

モノフィラメント縫合糸はマルチフィラメント縫合糸よりも感染に強く、組織反応が少ない傾向があるため、内部の縫合にはモノフィラメントの吸収性縫合糸が推奨されている。皮膚の縫合には非吸収性のモノフィラメント縫合糸が推奨されている[34]。しかしながら、縫合糸の材料自体による組織の反応よりも、縫合糸のサイズのほうが癒着形成に大きく影響する[3,34]。したがって、ウサギにおける癒着形成を最小限に抑えるには、細い縫合糸を選択することが重要である。

以上の要因から、筆者は基本的に吸収糸では4-0モノディオックス®、非吸収糸では4-0モノソフ™を使用している（図7-1-16）。

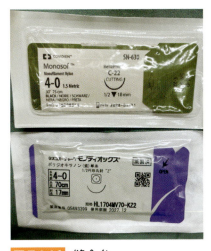

図 7-1-16 縫合糸
筆者はこの縫合糸を用いている。上が、4-0モノソフ™。下が、4-0モノディオックス®。

毛刈り

術野の毛刈りは、クリッパー（バリカン）で行う。切開線を中心として、その周囲を毛刈りする（図7-1-17）。陰嚢切開法、陰嚢前切開法のどちらであっても、毛刈りの範囲はそれほど変わらない。

密に生えた下毛がすぐにクリッパーの刃の間に詰まるため、ウサギの毛刈りは困難で時間がかかる。さらに、ウサギの皮膚は非常に薄く、毛刈りで傷つけやすいため注意して行う。No.50 のクリッパー刃が推奨されている[1]。とくに陰嚢は傷つけやすいため、陰嚢周囲はクリッパーの代わりにハサミを用いてもよい。刈った毛は軽くて舞い上がりやすいため、術野に刈った毛が残らないように、毛刈り後に掃除機で毛を吸い取る。

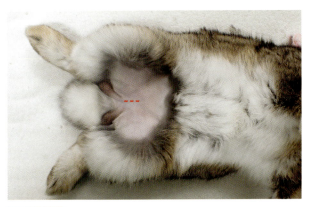

図 7-1-17 毛刈り
切開線（---）を中心として周囲を毛刈りする。ウサギは毛刈りで皮膚を傷つけやすいため注意する。

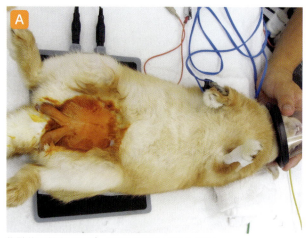
仰臥位で保定するが、筆者は四肢は固定しない。

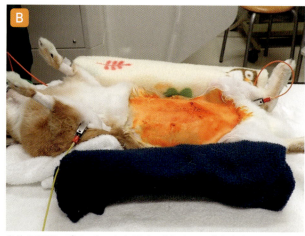
身体の両側にブランケットを置くことにより、体を安定させている。

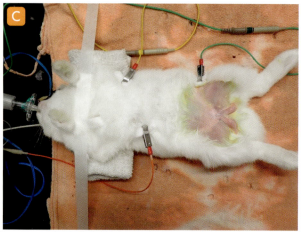
両前肢をサージカルテープで手術台と軽く固定している。前肢が動けばテープが外れる程度である。

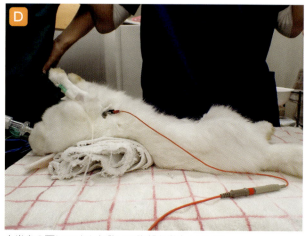
上半身の下にタオルを敷いて胸部を挙上している。

図7-1-18 保　定

保　定

どのようなアプローチ方法の手技を選んだ場合でも、仰臥位で「保定」する。「保定」とかっこづけしたのは、実際のところ、筆者はウサギの去勢手術の際は犬・猫のように四肢を固定したりせず、手術台の上にウサギの身体を置いているだけだからである（図7-1-18-A）。その理由は、①四肢を固定すると胸郭の動きが制限され、呼吸抑制が起こる可能性がある、②麻酔深度が浅く体動があった場合に四肢を痛める可能性がある、ためである。安定しない場合はウサギの身体の両側にタオルなどを置いて支えとしたり（図7-1-18-B）、ウサギの身体をテープなどで手術台と軽く固定したりするようにしている（図7-1-18-C）。

また、ウサギの胸腔は腹腔に比較してかなり小さく、腹腔内臓器が胸腔を圧迫しやすい。全身麻酔中は自発呼吸で維持していることもあって、呼吸抑制が起こりやすい状態にある。この対策のため、筆者はタオルなどをウサギの上半身の下に敷いて、胸部を挙上し、腹腔内臓器の胸腔への圧迫を軽減するようにしている（図7-1-18-D）。

消　毒

消毒に関しては、筆者はクロルヘキシジンとポビドンヨードスクラブを用いて行っている。一般的に推奨されているアルコールは、気化熱による体温低下を懸念し用いていない[1]。切開予定部位を中心に外へ向かって交互に用いて消毒する。

消毒時に陰嚢から鼠径管内に精巣が移動した場合は、鼠径部を軽く手で押すことで精巣を陰嚢内に戻すことができる。

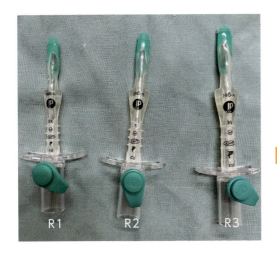

図 7-1-19 ラリンジアルマスク（V-gel®）
ウサギの体格に合わせて大きさを選択する。基本的にはR1かR2で対応できることが多い。

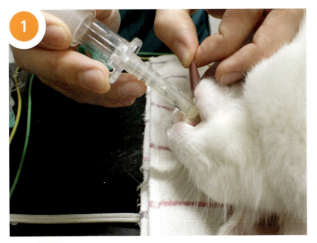
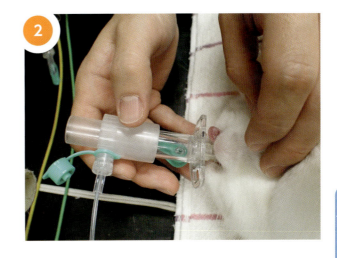

図 7-1-20 ラリンジアルマスクの挿入
ゆっくり、まっすぐに挿入する。

周術期管理

　筆者はメデトミジンとケタミンの筋肉内投与後に、フェイスマスクで酸素化を開始している。酸素化を行いながら血管を確保し、血管確保後にフェイスマスクのままイソフルランを徐々に吸入させる。ある程度麻酔深度が深くなった時点で仰臥位に保定し、ラリンジアルマスク（V-gel®）を挿入して自発呼吸で維持している（図7-1-19）。

　酸素化は健康なウサギでは1分で効果が得られるとされているが、フェイスマスクでの5分間吸入が推奨されている[2,33]。

　健常なウサギでもパスツレラ症といった潜在的な呼吸器感染症をもっている可能性があること、そもそも肺活量が少ないこと、吸入麻酔の導入時に匂いに反応して息止めをする可能性があることから、低酸素症が容易に発生する[30]。また、解剖学的に気管挿管は犬・猫よりも困難であり、行うにしても時間を要するため、麻酔導入前の事前酸素化は非常に重要である[33]。酸素化をしておくことで、導入時に問題が発生したとしても低酸素症のリスクが軽減する[30,33]。

　イソフルランでは30秒～2分間も無呼吸期間が継続する可能性がある[30]。ウサギはイソフルランの臭気に反応して息止めをするため、初めはかなりの低濃度で導入して、できる限りゆっくりと濃度を上げていくようにする。イソフルランのウサギでのMAC（最小肺胞内濃度）は2.05%であり、ウサギの麻酔維持に推奨されている[30]。

　ラリンジアルマスクは盲目的に挿入でき（気管挿管と異なり、喉頭をみなくてもよい）、容易に気道を確保できるためウサギでは非常に有用である（図7-1-20）。ラリンジアルマスクの先端が食道に挿入されると、マスクが喉頭蓋に被さるようにでき

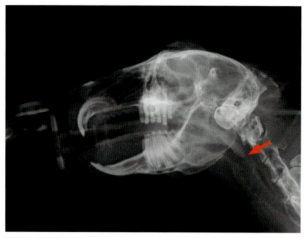

図7-1-21 ラリンジアルマスク挿入時のX線画像
ラリンジアルマスクの先端（➡）がわずかに食道に挿入されている。

ている[33]）（図7-1-21）。

　麻酔器への接続は通常の気管チューブと同様であるため、カプノグラムやEtCO$_2$などもモニタリングできる。マスクが喉頭に密着しているため、陽圧換気も可能である。もし、フェイスマスクで吸入麻酔を維持する場合は、呼吸を肉眼的にモニタリングする必要がある。フェイスマスクを用いている場合は、麻酔器のリザーバーバッグの動きでは確実な確認が困難であるため、胸郭の動きで確認する。

　術中の静脈内輸液に関しては、ウサギは犬・猫よりも水分要求量が高いため、6 mL/kg/時（通常時の維持量は4 mL/kg/時）とされている[33]。また、開腹手術の場合は体液のサードスペースへの移動が大きく、術創からの蒸発も多いため10 mL/kg/時が推奨されている[33]。しかしながら、術中の過剰輸液は肺水腫、肺機能の低下、組織酸素化の低下、消化管運動の低下、血液凝固能の異常、感染率の増加などの原因となるため、術中の状態により輸液量を調節する[36]。

> **Tips**
>
> ウサギでは自発呼吸の停止が死に直結することが多いため、筆者は呼吸回数がかなり少なくなった時点で、ドキサプラムの投与（5〜10 mg/kg、静脈内投与もしくは筋肉内投与）により、呼吸回数を回復させるようにしている。犬・猫では使用頻度の少ない薬剤だと思われるが、ウサギの麻酔管理を行うにあたっては重要な薬剤である。

術前準備の流れ

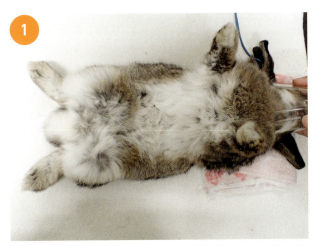

1. 鎮静後、仰臥位にしてフェイスマスクで酸素化する。毛刈りが終了するまでの間に、イソフルランを低濃度から吸入開始し、様子をみながら徐々に濃度を上昇させていく。

2. 酸素化と同時に毛刈りを開始する。毛刈り時は身体の下に新聞紙を敷き、オペ台に毛が付着しないようにしている。

3. ウサギの皮膚は薄く、クリッパーによって傷つきやすいため注意する。とくに陰嚢は傷つけやすい。

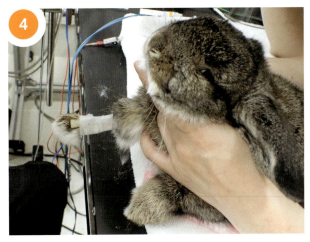

4. 毛刈り終了後に、静脈を確保する。

5. 仰臥位に戻し、消毒する。筆者はクロルヘキシジンとポビドンヨードを用いている。

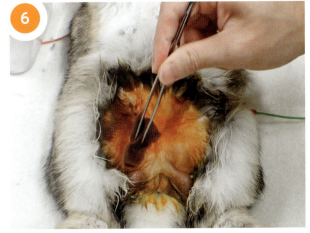

6. ⑤と同じ。

術　式（開放式、陰嚢前切開法）

　上述の通り、筆者は開放式、陰嚢前切開法によるアプローチで去勢手術を行っている。精巣を摘出する際は、精巣動静脈と血管を別々に結紮している。総鞘膜は腹膜の一部であり切開後に縫合しているが、鼠径輪は縫合していない。しかしながら、術後に鼠径ヘルニアが発生した経験はない。

　以下に筆者が行っている手術の流れをステップ・バイ・ステップで解説する。

ドレーピング

　4枚のドレープを用いて、術野を準備する。ドレープはタオル鉗子で固定する（図7-1-22）。

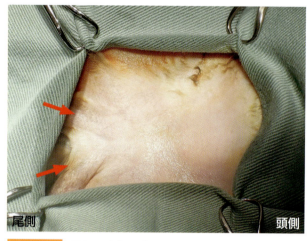

図 7-1-22　ドレーピング
（➡）が陰嚢である。

切　皮

　精巣を頭側に圧迫して移動させると、精巣の盛り上がりが確認できる。ここが、皮膚切開部となる（図7-1-23）。陰嚢頭側正中の皮膚をメスで1.5〜2 cm程度切開する（図7-1-24）。皮膚切開後に出血がみられる場合は、圧迫や電気メスなどで止血する（図7-1-25）。

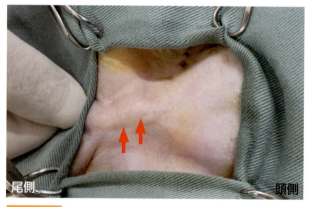

図 7-1-23　皮膚切開部位の確認
精巣を頭側に圧迫して移動させると、精巣の盛り上がりが確認できる（➡）。

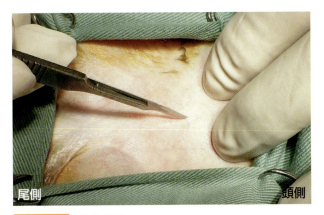

図 7-1-24　皮膚切開
陰嚢頭側正中の皮膚をメスで1.5〜2cm程度切開する。

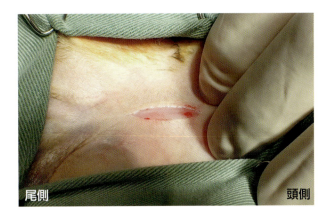

図 7-1-25　皮膚切開後
出血があれば、圧迫や電気メスなどで止血する。

総鞘膜の切開

　精巣を切開部位まで尾側から圧迫して押し上げ、メスで皮下織を総鞘膜が露出するまで切開する。精巣の圧迫はやさしく適度な力で行う（図7-1-26）。総鞘膜が露出した後、精巣を傷つけないようにメスで総鞘膜を切開して、精巣を露出させる（図7-1-27）。

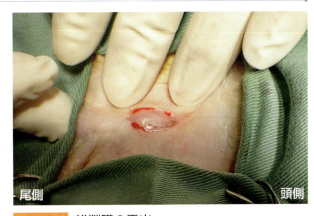

図 7-1-26　総鞘膜の露出
精巣を切開部位まで尾側から圧迫して押し上げて、メスで皮下織を総鞘膜が露出するまで切開する。精巣の圧迫はやさしく適度な力で行う。

Tips

精巣を皮膚切開部位まで押す際、強く押しすぎないことが重要である。強く圧迫したり、長時間押し続けていたりすることにより、術後の陰嚢の腫脹が重度になる。

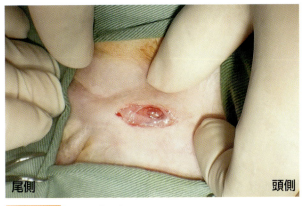

図 7-1-27　総鞘膜の切開
総鞘膜が露出した後、精巣を傷つけないようにメスで総鞘膜を切開して、精巣を露出させる。

精巣と精巣間膜の処置

精巣の取り出し

精巣が露出したら、鑷子で精巣を牽引して取り出す（図7-1-28）。

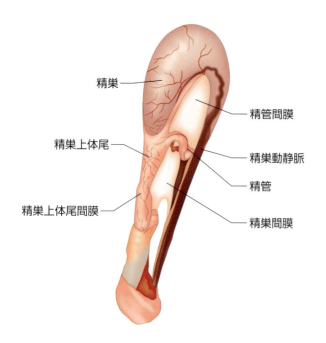

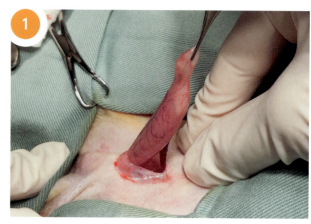

精巣が露出したら、鑷子で精巣を牽引して取り出す。

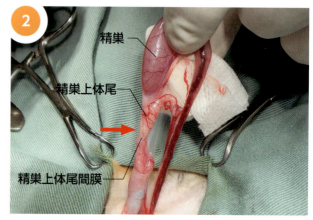

精巣を取り出したところ。（➡）は次工程で、切り離す位置。

図 7-1-28　精巣の取り出し

精巣上体尾間膜の鈍性剥離

図7-1-28-②で示した矢印の位置で、精巣上体尾間膜を引きちぎるように鈍性に切り離す（図7-1-29）。精巣と精巣上体の間を剥離しないように注意する。

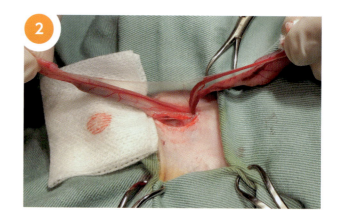

図 7-1-29　精巣上体尾間膜靭帯付着部の鈍性剥離
　　　　　図7-1-28-②で示した矢印の部位で、精巣上体尾間膜を引きちぎるように鈍性に切り離す。

間膜の分離

遊離した精巣を牽引し（図7-1-30）、精巣動静脈と精管の間の精管間膜をモスキート鉗子で鈍性に広げる（図7-1-31）。

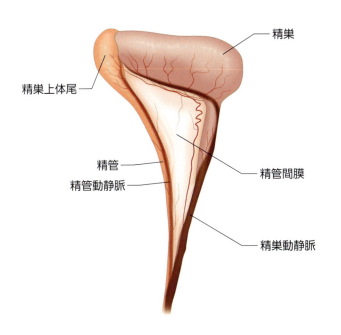

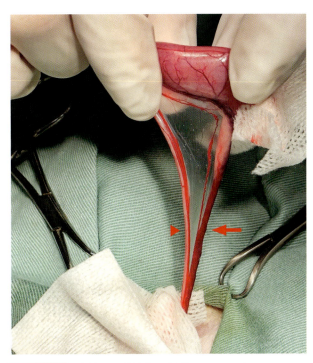

図 7-1-30　遊離した精巣を牽引しているところ
➡：蔓状静脈叢（精巣静脈と精巣動脈。以降、あわせて精巣動静脈と記載）。
▶：精管と精管動静脈（以降、あわせて精管と記載）。

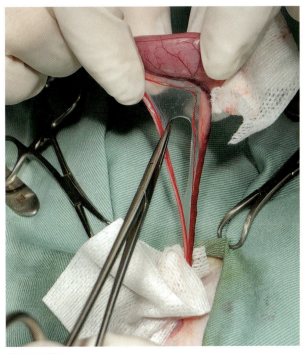

図 7-1-31　血管と精管の分離
精巣動静脈と精管の間の精管間膜をモスキート鉗子で鈍性に広げる。

精管の結紮・切断

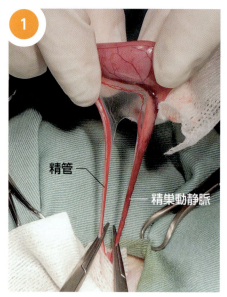

精巣動静脈と精管をそれぞれ、モスキート鉗子で鉗圧する。

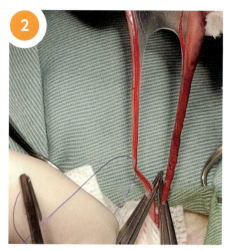

鉗子をかけた部位の遠位で精管に吸収糸をかける。

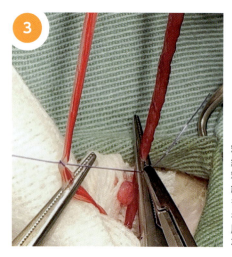

精管を男結びで結紮する。血管や精管は縫合糸で結紮しているが、もちろんエネルギーデバイスを用いても問題はない。

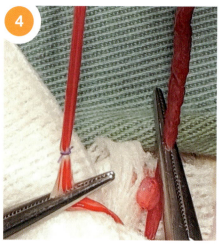

縫合糸を切る。

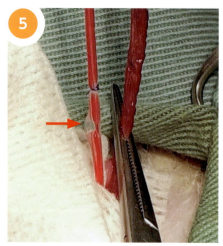

精管にかけているモスキート鉗子を外す（➡）。

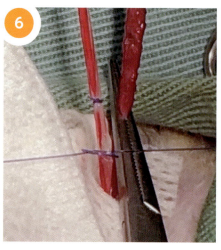

鉗圧した部位で、精管を吸収糸で結紮する。

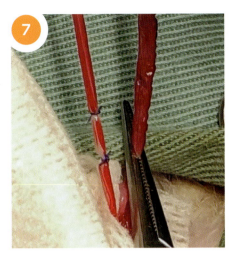

⑦ 縫合糸を切る。生体に残る縫合糸は、結び目以外は残さないようにしている。

Tips

筆者は結紮した縫合糸を切る際、生体に残す場合は、結び目以外の糸はほぼ残さない。糸を残すことで、周囲の組織に対しての刺激による違和感から、自咬や食滞になる可能性があるからである。結び目以外の余剰の糸がなく解けやすい可能性を懸念し、通常の結紮をした後に2回追加で結んでいる。

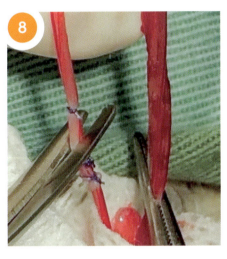

⑧ 結紮部位と結紮部位の間で、精管をメッツェンバウム剪刀で切断する。

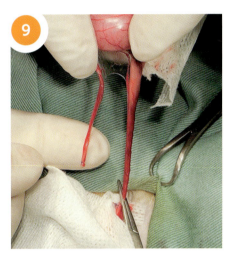

⑨ 精管を切断したところ。

精巣動静脈の結紮・切断と精巣の摘出

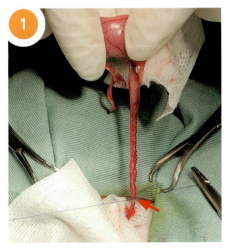

① 精巣動静脈の鉗子を外し、鉗圧した部位（➡）を吸収糸で外科結びで結紮して縫合糸を切る。

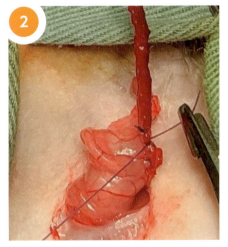

② 結紮した生体側で同様に2本目の結紮をして、縫合糸を切る。

145

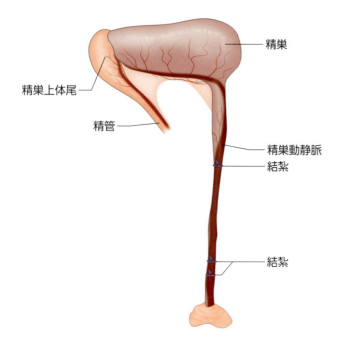

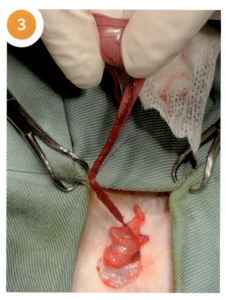

前ページの①の結紮部位より精巣側で精巣動静脈を結紮する。

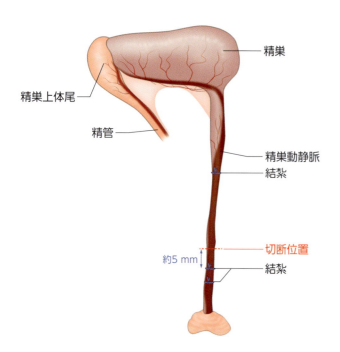

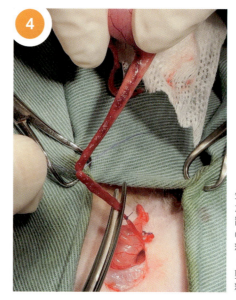

生体側に結紮部が2カ所残る位置（残す結紮部の5mm遠位）で、精巣動静脈をメッツェンバウム剪刀で切断して精巣を摘出する。

総鞘膜の還納

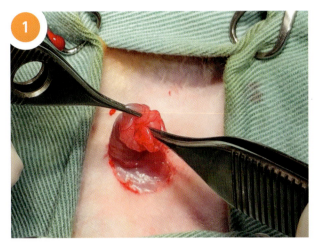
反転している総鞘膜を還納する。

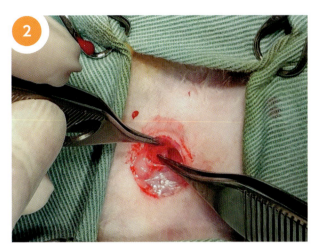
還納したところ。

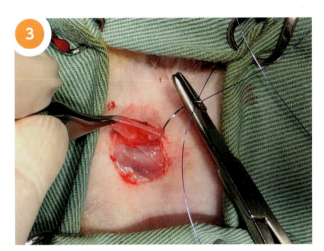
総鞘膜を吸収糸で縫合する。

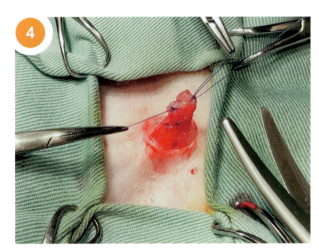
連続縫合終了。

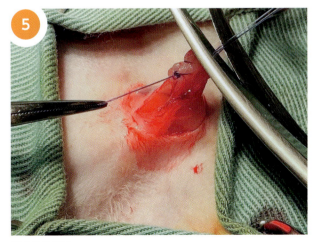
縫合糸を切る。

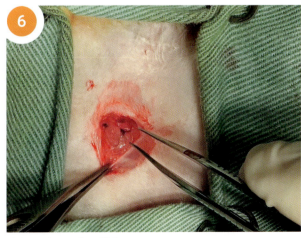
縫合糸を切った後の外観。

（次ページにつづく）

(つづき)

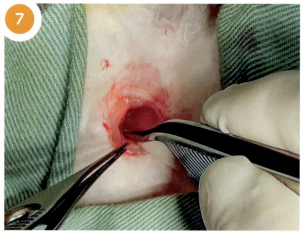
総鞘膜を陰嚢内へ戻す。

逆側精巣の摘出

逆側精巣も同様に摘出する（図7-1-32）。

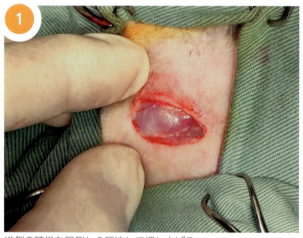
逆側の精巣を尾側から圧迫して押し上げる。

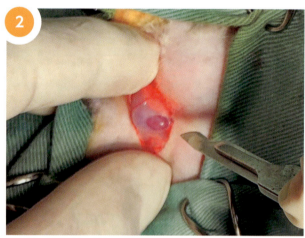
皮下織、総鞘膜をメスで切開し、精巣を露出する。

図 7-1-32 逆側精巣の摘出

閉 創

皮下組織を吸収糸で単純連続縫合し（図7-1-33、7-1-34）、皮膚を非吸収糸で縫合する（図7-1-35、7-1-36）。

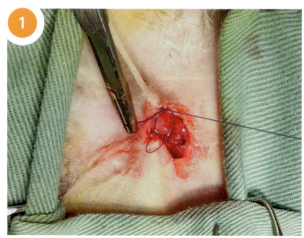
一糸目を結紮する。

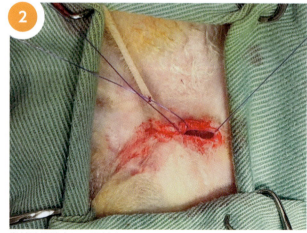
単純連続縫合にて閉創する。

図 7-1-33 皮下組織の単純連続縫合

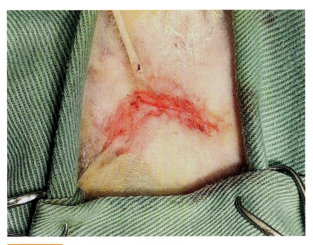
図 7-1-34 皮下組織の縫合終了

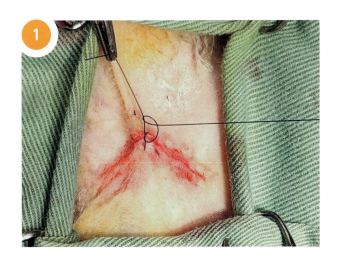
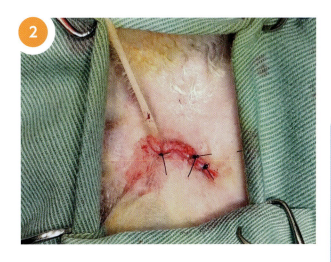
図 7-1-35 皮膚の縫合
皮膚を非吸収糸で単純結節縫合する。

図 7-1-36 術後外観

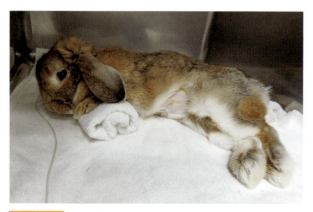

図 7-1-37　覚醒時
覚醒時も呼吸抑制が起こらないように、胸部を丸めたタオルで挙上している。

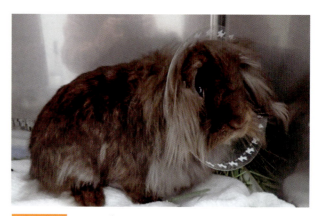

図 7-1-38　エリザベスカラー
ある程度覚醒した時点でエリザベスカラーを装着している。

術後管理

　麻酔からの覚醒中にも死亡する可能性があるため、完全に覚醒するまで継続的に監視する必要がある。ウサギの麻酔関連死の60％が麻酔開始後から3時間以内に発生しているため、覚醒中もリスクがあることを認識しておく[2,33]（図7-1-37）。

　基本的には犬・猫と同様に輸液、疼痛管理、栄養補給は術後合併症のリスク軽減のため必要である[1]。そのため、静脈内輸液は基本的に退院または食欲が出るまで継続しているが、保定時にかなり暴れたりする性格の症例では、保定時の骨折などのリスクを懸念して、通常の去勢手術であれば覚醒前に終了することもある。

　術後数時間経ち、通常の姿勢を維持でき歩様時のふらつきがなくなった時点で、水と食事を与え始める[33]。筆者は皮膚縫合も行っているため、水と食事を与え始めた時点でエリザベスカラーの装着を行っている（図7-1-38）。エリザベスカラーの装着に伴い、ストレスによる消化管うっ滞、物理的な採食が妨げられることで食欲が低下する場合はあるが、食欲低下が長引くことは少ない。食糞も行えなくなるが、抜糸までの短期間（2週間）であるため問題はないと考えている。

　術後の疼痛管理は上述のとおり、メロキシカムを主体として用いており、ブプレノルフィンは症例により投与している（例：陰嚢の腫脹が重度で、疼痛が強そうな症例など）。

　手術翌日の食欲により、消化管運動促進薬のメトクロプラミド（0.5 mg/kg、1日2回～3回、皮下投与もしくは経口投与）とヒスタミンH_2受容体拮抗薬であるファモチジン（0.5 mg/kg、1日1回、皮下投与もしくは経口投与）を投与する場合もある。院内では食欲がない場合でも、自宅に戻ると食べ始めることはよくあるため、基本的には手術翌日には退院としている。退院後も食欲がない場合は強制給餌を行う必要があるが、去勢手術で強制給餌が必要になることは少ない。

合併症

　去勢手術で起こり得る合併症としては、術後の陰嚢の腫れや浮腫（図7-1-39）、手術部位の感染、鼠径ヘルニアや食欲不振が挙げられる[1,6,34]。

　陰嚢の腫れや浮腫はとくに閉鎖式で去勢手術を行った場合に起こりやすく、術中の組織損傷の程度によって発生する[4,6]。陰嚢が大きく腫れれば不快になり自咬につながる場合があるが、通常は1週間以内に改善する[4]。

　術部の感染は正確な無菌操作を行っていれば発生することはほぼないが、感染を起こした場合、残った縫合糸は感染源となるため除去し、細菌培養・薬剤感受性検査を行い適切な抗菌薬を選択する[6,34]。ウサギでは感染を起こすと膿瘍を形成するため完治まで時間がかかるが、デブリードマンと洗浄を繰り返し行っていくしか治療法がない。

　去勢手術を開放式で行った場合、鼠径輪を縫合して閉鎖しないと、腹部臓器や脂肪が鼠径輪から逸脱してヘルニアになる可能性があるとされているが、筆者は実際には経験したことがない[1,3,4,6,21]。

　消化管のうっ滞などにより食欲不振は一過性に起こることはあるが、メトクロプラミドの投与のみで改善

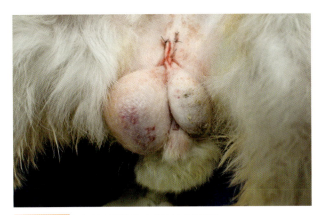

図 7-1-39　去勢手術後の陰嚢の腫脹
通常は1週間以内に改善する。

することがほとんどである。改善しない場合はシプロヘプタジン（0.5 mg/kg、1日2回、経口投与）やモサプリド（0.5 mg/kg、1日2回、経口投与）を追加したり、強制給餌を行う。

おわりに

　以上が筆者が行っているウサギの去勢手術の方法だが、麻酔、麻酔管理、術式および術後管理はどのような方法で行っても、安全に問題なく実施できればそれでよい。ウサギの去勢手術にあたって実際に一番の問題になるのは、手術自体よりも麻酔および麻酔管理ではないかと思われる。犬・猫とは異なり、①呼吸抑制のあるプロポフォールによる導入が一般的ではない、②気管挿管が簡単に行えないため自発呼吸での管理となる、③イソフルランなどの吸入麻酔薬により息止めをする、④腹腔に比較して胸腔が小さいため呼吸抑制が起こりやすい、などの点がウサギに慣れていないと悩ましく、問題になると思われる。上記の対応策は本文に記載しているため、参考にしていただければ幸いである。

【参考文献】

1. Guzman, D. S., Szabo, Z., Steffey, M. A.(2021): Soft Tissue Surgery: Rabbits. In: Ferrets, Rabbits and Rodents: Clinical Medicine and Surgery(Quesenberry, K. E., Orcutt, C. J., Mans, C., et al. eds.), 4th ed., pp.446-466, Elsevier.

2. Hawkins, M. G., Pascoe, P. J.(2021): Anesthesia, Analgesia, and Sedation of Small Mammals. In: Ferrets, Rabbits and Rodents: Clinical Medicine and Surgery(Quesenberry, K. E., Orcutt, C. J., Mans, C., et al.eds.), 4th ed., pp.536-558, Elsevier.

3. Pignon, C.(2022): Neutering and Reproductive Control. In: Textbook of Rabbit Medicine (Smith, M. V. ed.), 3rd ed., pp.411-416, Elsevier.

4. Bennett, R. A.(2022): Rabbit Soft Tissue Surgery. In: Surgery of Exotic Animals(Bennett, R. A., Pye, G. W. eds.), pp.240-276, Wiley Blackwell.

5. Di Girolamo, N., Selleri, P.(2021): Disorders of the Urinary and Reproductive Systems. In: Ferrets, Rabbits and Rodents: Clinical Medicine and Surgery(Quesenberry, K. E., Orcutt, C. J., Mans, C., et al, eds.), 4th ed., pp.201-219, Elsevier.

6. Harcourt-Brown, F.(2013): Neutering. In: BSAVA Manual of Rabbit Surgery, Dentistry and Imaging(Harcourt-Brown, F., Chitty, J. eds.), pp.138-156, British Small Animal Veterinary Association.

7. Szabo, Z., Bradley, K., Cahalane, A. K.(2016): Rabbit Soft Tisse Surgery. Vet. Clin. Am. North Exot. Anim. Pract., 19(1):159-188.

8. Howe, L. M.(2014): Prepubertal Castration. In: Current Techniques in Small Animal Surgery(Bojrab, M. J., Waldron, D. R., Toombs, J. P. eds.), 5th ed., pp.536-546, Teton New Media.

9. Vennen, K. M., Mitchell, M. A.(2009): Rabbits. In: Manual of Exotic Pet Practice (Mitchell, M. A., Tully Jr., T. N. eds.), pp.375-405, Saunders.

10. Watson, M. K.(2016): Reproductive System. In: Current Therapy in Exotic Pet Practice(Mitchell, M., Tully Jr., T. N. eds.), pp.460-493, Saunders.

11. Mancinelli, E.(2016): Adrenal gland disease in rabbits. Vet Times.

12. Lennox, A. M., Fecteau, K. A.(2014): Endocrine diseases. In: BSAVA Manual of Rabbit Medicine(Meredith, A., Lord, B. eds.), pp.274-276, British Small Animal Veterinary Association.

13. Lefebvre, S. L., Yang, M., Wang, M., et al.(2013): Effect of age at gonadectomy on the probability of dogs becoming overweight. J. Am. Vet. Med. Assoc., 243(2):236-243.

14. Kutzler, M. A.(2020): Posible Relationship between Long-Term Adverse Health Effects of Gonad-Removing Surgical Sterilization and Luteinizing Hormone in Dogs. Animals, 10(4):599.

15. Adji, A. V., Pedersen, A. Ø., Agyekum, A. K.(2022): Obesity in pet rabbits (Oryctolagus cuniculus): A narrative review. J. Exo. Pet. Med., 41:30-37.

16. 中田真琴(2022): 生殖器疾患. In: エキゾチック臨床Vol.20 ウサギの診療(三輪恭嗣 監), pp.148-170, 学窓社.

17. Barone, R., Pavaux, C., Blin, P. C., et al.(1977): 内蔵学. In: 兎の解剖図, 望月公子 訳, pp.73-120, 学窓社.

18. Skonieczna, J., Madej, J. P., Będziński, R.(2019): Accessory genital glands in the New Zealand White rabbit: a morphometrical and histological study. J. Vet. Res., 63(3):251-257.

19. Elliott, S., Lord, B.(2014): Reproduction. In: BSAVA Manual of Rabbit Medicine (Meredith, A., Lord, B. eds.), pp.36-44, British Small Animal Veterinary Association.

20. Onuoha, C. H.(2020): Reproductive Physiology of Male Rabbits: A Key Factor in Buck Selection for Breeding (Paper Review). Advances in Reproductive Sciences, 8:97-112.

21. Donnelly, T. M., Vella D.(2021): Basic Anatomy, Physioology, and Husbandry of Rabbits. In: Ferrets, Rabbits and Rodents: Clinical Medicine and Surgery(Quesenberry, K. E., Orcutt, C. J., Mans, C., et al. eds.), 4th ed., pp.131-149, Elsevier.

22. Uthamanthil, R. K., Hachem, R. Y., Gagea, M., et al.(2013): Urinary Catheterization of Male Rabbits: A New Technique and a Review of Urogenital Anatomy. J. Am. Assoc. Lab. Anim. Sci., 52(2):180-185.

23. Lucy, K. M., Sreeranjini, A. R., Raj, I. V., et al.(2012): THE UROGENITAL SYSTEM. In: ANATOMY of the RABBIT, pp. 96-109, Narendra Publishing House.

24. Harcourt-Brown, F. M.(2017): Disorders of the Reproductive Tract of Rabbits. *Vet. Clin. North Am. Exot. Anim. Pract.,* 20(2):555-587.

25. 石垣久美子(2014): 鼠径・陰嚢・大腿ヘルニア整復術. *SURGEON,* 18(1):54-66.

26. Fossum, T. W.(2019): Surgery of the abdominal Cavity. In: Small Animal Surgery(Fossum, T. W. ed.), 5th ed., pp.512-539, Elsevier.

27. Barone, R., Pavaux, C., Blin, P. C., *et al.*(1977): 筋学. In: 兎の解剖図譜, 望月公子 訳, pp.49-71 学窓社.

28. Campbell-Ward, M., Meredith, A.(2010): Rabbits. In: BSAVA Manual of Exotic Pets A foundation Manual(Meredith, A., Johnson-Delaney, C. eds.), 5th ed., pp.76-102, British Small Animal Veterinary Association.

29. Smeak, D. D.(2012): Abdominal wall reconstruction and hernia. In: Veterinary Surgery Small Animal(Tobias, K. M., Johnston, S. A. eds.), pp.1353-1379, Elsevier Saunders..

30. Varga, M.(2014): Anaesthesia and Analgesia. In: Textbook of Rabbit Medicine, 2nd ed., pp.178-202, Butterworth-Heinemann.

31. Proks, P., Stehlik, L., Nyvltova, I., *et al.*(2018): Vertebral formula and congenital abnormalities of the vertebral column in rabbits. *Vet. J.,* 236:80-88.

32. Capello, V. (2005): Surgical techniques for orchiectomy in the pet rabbit. *Exotic DVM,* 7(5):23-32.

33. Grint, N.(2013): Anaesthesia. In: BSAVA Manual of Rabbit Surgery, Dentistry and Imaging(Harcourt-Brown, F., Chitty, J. eds.), pp.1-25, British Small Animal Veterinary Association.

34. Varga, M.(2013): Basic principles of soft tissue surgery. In: BSAVA Manual of Rabbit Surgery, Dentistry and Imaging(Harcourt-Brown, F., Chitty, J. eds.), pp.123-137, British Small Animal Veterinary Association.

35. McFadden, M. S.(2022): Suture Materials. In: Surgery of Exotic Animals(Bennett R.A., Pye G.W. eds.), pp.11-22, Wiley Blackwell.

36. Davis, H., Jensen, T., Johnson, A., *et al.*(2013): 2013 AAHA/AAFP Fluid Therapy Guidelines for Dogs and Cats. *J. Am. Anim. Hosp. Assoc.,* 49(3):149-159.

2.フクロモモンガの去勢手術

はじめに

フクロモモンガで行われる最も一般的な手術が去勢手術である[1-3]。自然界では、フクロモモンガはハーレム（1頭の雄と複数の雌と子）をつくり少数の集団で社会性をもって生活する動物であるため、飼育下でも多頭飼育されていることがある。望ましくない繁殖を避けるためや雄同士が共存できるようにするため、また自咬症の予防、治療に対して、去勢手術が行われる[1,3-6]。本稿ではフクロモモンガの去勢手術について概説する。

実施時期・手術方法

フクロモモンガは新生子を未熟な状態で出産する。新生子は総排泄孔から育児嚢に自ら移動し、50〜77日は育児嚢内で成長してから脱嚢する[2,7]。そのため、実際の月年齢はわからず推定になる。去勢手術の推奨年齢は提唱されていないが、脱嚢して2カ月齢のフクロモモンガで問題なく行われた報告がある[1]。

去勢手術には、陰嚢切開による精巣摘出術と、陰嚢ごと摘出する陰嚢切除術がある[4,8-10]。陰嚢切除術を行った場合は陰嚢自体を摘出するため、術後の自傷行為のリスクを軽減できるとされている[1,8]。手術を行う際は、メスと縫合糸を用いた従来の方法よりも、CO_2レーザーなどのデバイスを用いた方法のほうが、術後の炎症が少なく縫合糸による違和感もないため、自傷行為のリスクを軽減できるという理由から推奨されている[1,11,12]。

生殖器の解剖生理

去勢手術にあたり、とくに意識したいポイントについて、以下に解説する。

雄の性成熟は12〜14カ月齢である。基本的には季節繁殖動物であり、オーストラリアに棲息している野生個体は3〜6月に発情する[13,14]。

フクロモモンガは消化器、泌尿器、生殖器のすべてが総排泄腔と呼ばれる1つの腔と連絡しており、総排泄腔は総排泄孔により体外と連絡しているため、陰茎は総排泄孔から露出する（図7-2-1）。陰嚢は陰茎より頭側で腹部皮膚より下垂しており、長い茎状部があるため目立つ（図7-2-2）。陰茎の先端は二股に分かれており、尿道はその分岐部に開口する（図7-2-3）。副生殖腺は前立腺と2対の尿道球腺で構成されている[13,15]。副生殖腺は繁殖期に腫大する[13]。

術前検査

小型の動物では術前の麻酔リスクの判定が難しく、体重や身体検査時の反応などを駆使して評価する[13]。フクロモモンガの術前検査として筆者は、身体検査に加えて、X線検査を行っている。フクロモモンガでは代謝性骨疾患が多いため、X線検査ではとくに骨質や骨形態に注目している[16]（図7-2-4）。代謝性骨疾患が疑われた場合は、低カルシウム血症も併発している可能性があるため、麻酔リスクが高くなると考えられる[16]。フクロモモンガの潜在精巣は成書には記載されておらず発生はまれと考えられるが、筆者は1症例経験している。精巣下降についても詳しい記載はないが、脱嚢時には陰嚢に精巣が2個触知できるのが通常である（図7-2-5）。

術前準備

フクロモモンガは術前に4時間ほどの絶食が推奨されている[11]。小型哺乳類は代謝率が高く、グリコーゲンの貯蔵量が少なく低血糖になりやすいため、長時間の絶食は推奨されない[17]。

フクロモモンガでは術後の自傷行為が問題になることが多く、術部の疼痛、組織刺激や外傷、好奇心などが要因となる[1,18]（図7-2-6）。そのため、術前の毛刈り時は受傷させないように注意を払い（図7-2-7）、術野の消毒では刺激の少ない消毒液を使用して組織刺激を最小限に抑える[1]。スクラブ溶液の使用後は生理食塩液ですすぎ、残留しているスクラブを流すことが推奨されている[1]。

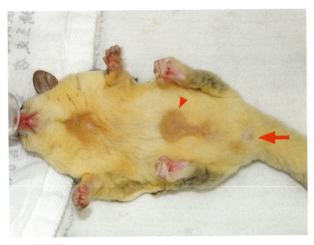

図 7-2-1 フクロモモンガの外観
陰嚢（▶）は総排泄孔（➡）より頭側にある。

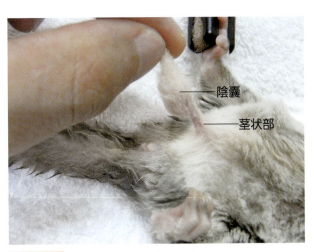

図 7-2-2 フクロモモンガの陰嚢
陰嚢は腹壁から有茎状に吊り下がっている。

図 7-2-3 フクロモモンガの陰茎
陰茎の先端は二股に分かれており、尿道はその分岐部に開口する（留置針の外套が入っているところ）。

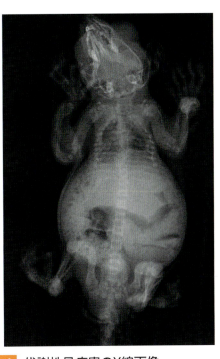

図 7-2-4 代謝性骨疾患のX線画像
全身の骨の透過性が亢進し、上腕骨と大腿骨の弯曲が認められる。

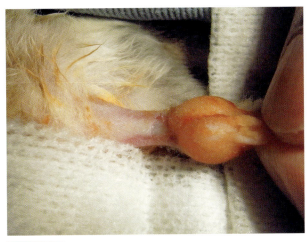

図 7-2-5 フクロモモンガの陰嚢
内部に精巣が2個確認できる。

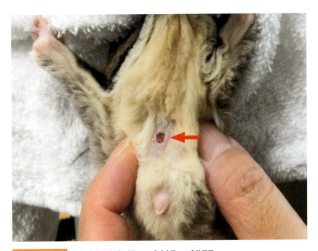

図 7-2-6 去勢手術後の創部の離開
カラー除去後、自咬による離開（➡）。

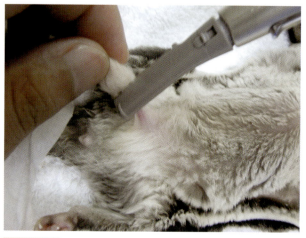

図 7-2-7 術前の毛刈り
受傷させないように、小さいクリッパーを用いて注意して行っている。

図 7-2-8 麻酔導入
プラスチックケージにてイソフルランを吸入させている。

図 7-2-9 フェイスマスクによる維持
導入後、フェイスマスクに切り替える（この症例は雌）。

周術期管理

さまざまな鎮静薬が使用され報告されているが、吸入麻酔を用いて導入することが一般的であり、そのなかでもイソフルランが最も多く使用されている[13,19,20]。筆者も導入からイソフルランを用いており、迅速に問題なく導入できるが、時折、嘔吐することがある。そのため、導入時は注意深く観察し、嘔吐した場合は吐物を誤嚥したり、喉に詰まらせないように綿棒などですぐに掻き出すようにする。また、流涎がみられることもあり、その場合も状況に応じて拭き取るようにしている。そのため、アトロピンやグリコピロレートが前投与薬として推奨されているが、唾液の粘稠性が増加するため、気管挿管を行う場合は注意が必要である[19]。

イソフルランは5％で導入され、チャンバーとしてプラスチックケージを用いている（図7-2-8）。麻酔が効いてきて横たわったらすぐにチャンバーから取り出し、フェイスマスクに切り替える（図7-2-9）。栄養カテーテルなどを用いて肉眼的に気管挿管を行うことができるが、小さい動物であり挿管に時間がかかる可能性があるほか、気管チューブ径が細いため術中にも粘液などによる閉塞の危険性があるため、筆者は行っていない[11,13]。イソフルランは2～3％で維持できるが、状況により判断する[13,19]。

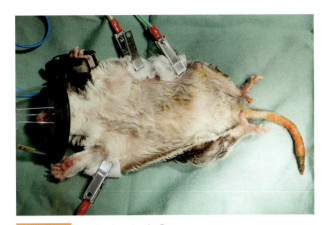

図7-2-10 手術時の保定①
保定紐は用いておらず、仰臥位にして手術台に置いている（この症例は雌）。

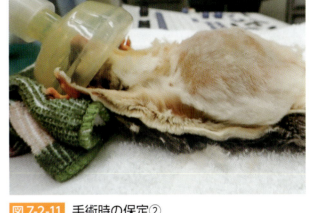

図7-2-11 手術時の保定②
タオルで頭部〜胸部を持ち上げている。

　フクロモモンガでは静脈を確保することが困難である。そのため、代わりとして大腿骨または脛骨に骨髄内カテーテル留置が行われるが、手術時間が短く開腹も行わない場合は、皮下輸液でも十分な場合があるとされている[11]。筆者は麻酔時間をできる限り短縮するため、基本的に皮下輸液のみで対応している。

　疼痛管理では、複数の薬剤を用いるマルチモーダル鎮痛を行うことにより、自傷行為の発生率が低下する[1]。筆者はメロキシカム（0.2 mg/kg、1日1回、皮下投与もしくは経口投与）とブプレノルフィン（0.02 mg/kg、1日2回、皮下投与）に加えて、局所麻酔としてリドカイン（1〜4 mg/kg）とブピバカイン（1〜2 mg/kg）を半分量ずつ各精巣に投与している。

　抗菌薬については、筆者はエンロフロキサシン（5 mg/kg、1日2回、皮下投与もしくは経口投与）を使用している。

保 定

　仰臥位で保定するが、保定紐などは用いずに、手術台の上にそのまま置いた状態で手術を行っている（図7-2-10）。自発呼吸で維持するため、少しでも呼吸がスムーズに行えるように、タオルなどを上半身の下に置き、頭部〜胸部を持ち上げておく（図7-2-11）。

術　式（陰嚢切除術）

　上述のように、去勢手術には陰嚢切開による精巣摘出術と、陰嚢ごと摘出する陰嚢切除術がある[4,8,9,21]。この2つの方法でも術者により切開の方向、切開部位の違いがあり定まった手順はない。これらの従来の方法以外に、最近では切皮や精管と血管の分離や結紮も行わずに、CO_2レーザーやLigaSure™のデバイス（ベッセル・シーリング・システム）を用いて皮膚ごと茎状部を切断する方法が報告されている。これらの方法は手術も極めて短時間で終了し、術後の合併症もなく良好な結果が得られている[3,10,12,22,23]。しかしながら、筆者は行ったことがなく、従来の陰嚢切除術を行っているため、以下に陰嚢切除術の手順を記載する。

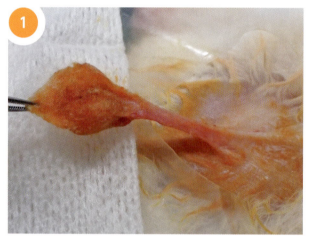

陰嚢を無鉤アドソン鑷子で牽引する。

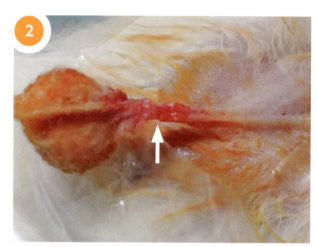

茎状部の遠位1/4～1/5の位置（陰嚢の近位）でメスで横切開し、切皮する（⇨）。

Tips

体側に近い位置で切皮すると、茎状部が短くなり、術後に離開しやすくなる可能性がある。そのため、茎状部の皮膚がある程度残るように、茎状部の遠位1/4～1/5の位置で横切開して切皮する。

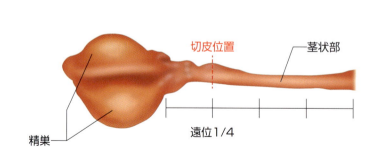

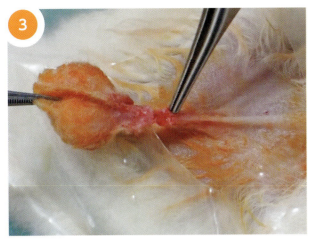

切皮した部位で、無鉤アドソン鑷子やバイポーラで、皮下織を精管や血管と分離していく。

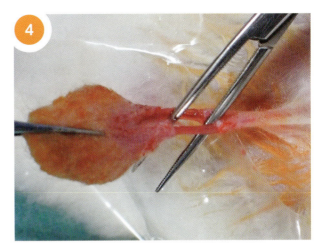

2本の管がわかるようになるまで分離する。

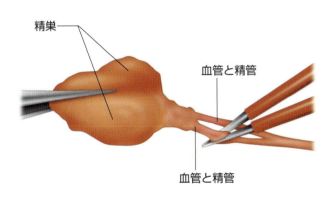

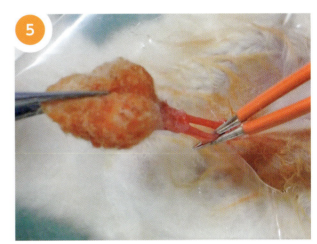

2本の管（それぞれの精巣に血管と精管が走行している）に分離できたら、1本ずつ切断する。筆者は最近では結紮は行わず、バイポーラを用いて切断している。

もう一方の血管と精管を切断する。

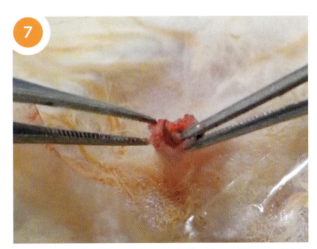

断端から出血がないことを確認し、無鉤アドソン鑷子で皮膚内に還納する。

（次ページにつづく）

（つづき）

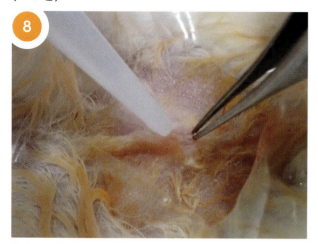

8 筆者は医療用アロンアルファを用いて皮膚を閉創している。

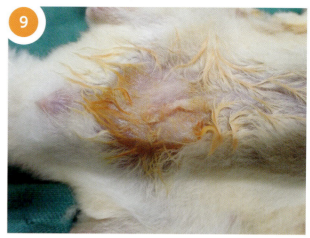

9 術後の術部外観。残した茎状部がたるんでいるようにみえるが、覚醒後に動き出せばたるみはなくなる。

術後管理

　フクロモモンガは通常、イソフルランの吸入を終了すればスムーズに覚醒する。麻酔覚醒後にすぐに術部を気にする様子がみられることが多いため、完全に覚醒する前にエリザベスカラーを装着する（図7-2-12）。エリザベスカラーは通常は頸部のみで固定しているが、肥満の個体（図7-2-13）では頸部のみの固定では外れる可能性があるため、布テープで作成した胴輪とエリザベスカラーを固定して、外れないようにしている（図7-2-14）。

　エリザベスカラー装着後は呼吸状態や、術部をいじれる状態にないかをしっかり確認する。術後は患部から注意をそらす目的で、できる限り食事を早く与えることが推奨されているため、覚醒状態が問題ないと判断した時点で少量ずつ食事を与える[1]。

　患部への自傷行為の可能性を最小限に抑えるため、術後も鎮痛薬の投与を継続し、他の動物種と同様に術後処置を行う[11]。エリザベスカラーを装着しているので、帰宅後は二次的な事故を防止するために、普段の網ケージではなくバリアフリーに変更した環境で生活してもらう。具体的には、大型のプラスチックケースや爬虫類用ケージなど、ある程度運動制限ができるケージを用いて単層階構造とする。ポーチなどの付属品も取り外してできる限りシンプルなケージとするが、一部にシェルターやブランケットなどの潜り込めるような場所を準備して、ストレスを軽減できるようにする（図7-2-15）。エリザベスカラーは傷が落ち着くまでは装着を続けるが、傷の状況や自咬癖の有無次第で、術後3〜10日程度で外すことが多い。エリザベスカラーを外した後は院内で自傷行動がないかを確認し、問題がなければ治療終了とする。

おわりに

　以上が筆者が行っている方法だが、フクロモモンガの去勢手術を実際に実施するにあたり問題となるのが、茎状部の切開部位の間違いと、術後のカラー生活だと思われる。本文に記載した通り、茎状部の皮膚をある程度残さなければ、術後に離開する可能性があるため、腹壁近くを切開しないように注意する。

　また、術後はカラーの影響により食事が採りづらくなり、体重も低下することが多い。それでも、フクロモモンガは自咬をすることが多い動物であるため、筆者は術後は必ずカラーをしており、飼い主に食事の補助をお願いしている。

図 7-2-12　エリザベスカラー
術後はエリザベスカラーを装着している。通常は頸部のみの固定にしている。

図 7-2-13　肥満個体
このような個体では頸部の脂肪が多く、くびれがない。

図 7-2-14　肥満個体のエリザベスカラー
肥満個体などではエリザベスカラーが外れないように、胴輪とエリザベスカラーを固定している。

図 7-2-15　術後のセッティング
適切な大きさのプラスチックケージ。潜り込めるようにブランケットを置いている。

【参考文献】

1. Pye, G. W.(2022): Surgery of the Sugar Glider. In: Surgery of Exotic Animals(Bennett, R. A., Pye, G. W. ed.), pp.332-337, Wiley Blackwell.

2. Johnson-Delaney, C.(2010): Marsupials. In: BSAVA Manual of Exotic Pets A foundation Manual(Meredith, A., Johnson-Delaney, C. eds.), 5th ed., pp.103-126, British Small Animal Veterinary Association.

3. Malbrue, R. A., Arsuaga, C., Collins, T. A., *et al.*(2018): Scrotal stalk ablation and orchiectomy using electrosurgery in the male sugar glider (Petaurus breviceps) and histologic anatomy of the testes and associated scrotal structures. *J. Exo. Pet. Med.,* 27(2):90-94.

4. Johnson-Delaney, C. A., Lennox, A. M.(2017): Reproductive Disorders of Marsupials. *Vet. Clin. North Am. Exot. Anim. Pract.,* 20(2):539-553.

5. Kubiak, M.(2021): Sugar Gliders. In: Handbook of Exotic Pet Medicine(Kubiak, M. ed.), pp.125-139, Wiley Blackwell.

6. Ness, R. D., Booth, R.(2004): Sugar Gliders, In: Ferrets, Rabbits and Rodents: Clinical Medicine and Surgery(Quesenberry, K. E., Carpenter, J. W. eds.), 2nd ed., pp.330-338, Saunders.

7. Brust, D. M.(2009): What every veterinarian needs to know about Sugar Gliders. *Exotic DVM,* 11(3):32-41.

8. Newbury, S., Hanley, C. S., Paul-Murohy, J.(2005): Sugar Glider Castration and Scrotal Ablation. *Exotic DVM,* 7(1):27-30.

9. Lightfoot, T., Bartlett, L.(1999): Sugar glider orchiectomy. *Exotic DVM,* 1(4):11-13.

10. Herrin, K. V.(2019): Surgery. In: Current Therapy in Medicine of Australian Mammals(Vogelnest, L., Portas, T. eds.), pp.151-166, Csiro Publishing.

11. Johnson-Delaney, C. A.(2021): Sugar Gliders. In: Ferrets, Rabbits and Rodents: Clinical Medicine and Surgery(Quesenberry, K. E., Orcutt, C. J., Mans, C., *et al.* eds.), 4th ed., pp.385-400, Elsevier.

12. Miwa, Y., Sladky, K. K.(2016): Small Mammals Common Surgical Procedures of Rodents, Ferrets, Hedgehogs, and Sugar Gliders. *Vet. Clin. North Am. Exot. Anim. Pract.,* 19(1):205-244.

13. Johnson, A., Hemsley, S.(2008): Gliders and possums. In: Medicine of Australian Mammals(Vogelnest, L., Woods, R. eds.), pp.395-437, Csiro Publishing.

14. Johnson-Delaney, C. A.(2006): Practical Marsupial Medicine. Proceedings of the 26th AAV ANNUAL CONFERENCE AND EXPO, pp.51-60.

15. Johnson-Delaney, C. A.(2002): Reproductive Medicine of Companion Marsupials. *Vet. Clin. North Am. Exot. Anim. Pract.,* 5(3):537-553.

16. 西村政晃(2017): 栄養性疾患. In: エキゾチック臨床Vol. 17 ハリネズミとフクロモモンガの診療(三輪恭嗣 監), pp.208-231, 学窓社.

17. Hawkins, M. G., Pascoe, P. J.(2021): Anesthesia, Analgesia, and Sedation of Small Mammals. In: Ferrets, Rabbits and Rodents: Clinical Medicine and Surgery(Quesenberry, K. E., Orcutt, C. J., Mans, C., *et al.* eds.), 4th ed., pp.536-558, Elsevier.

18. Watson, M. K.(2016): Reproductive System. In: Current Therapy in Exotic Pet Practice(Mitchell, M., Tully Jr., T. N. eds.), pp.460-493, Saunders.

19. Doss, G., de Miguel Garcia, C.(2022): African Pygmy Hedgehog (Atelerix albiventris) and Sugar Glider (Petaurus breviceps) Sedation and Anesthesia. *Vet. Clin. North Am. Exot. Anim. Pract.,* 25(1):257-272.

20. Carboni, D., Tully Jr., T. N.(2009): Marsupials. In: Manual of Exotic Pet Practice (Mitchell, M. A., Tully Jr., T. N. eds.), pp.299-325, Saunders.

21. 飯塚春奈(2017): 生殖器疾患. In: エキゾチック臨床Vol. 17 ハリネズミとフクロモモンガの診療(三輪恭嗣 監), pp.169-182, 学窓社.

22. Morges, M. A., Grant, K. R., MacPhail, C. M., *et al.*(2009): A novel technique for orchiectomy and scroyal ablateon in the sugar glider (Petaurus breviceps). *J. Zoo Wildl. Med.,* 40(1):204-206.

23. Cusack, L., Cutler, D., Mayer, J.(2017): The Use of the LIGASURE™ Device for Scrotal Ablation in Marsupials. *J. Zoo Wildl. Med.,* 48(1):228-231.

3. その他のエキゾチックアニマルの去勢手術

はじめに

愛玩動物として飼育していれば、どのような動物でも去勢手術が必要になる場合がある。そのため、ウサギおよびフクロモモンガ以外のエキゾチックアニマルの去勢手術について、少しではあるが以下に記述する。

手術適応の動物種と目的

ウサギやフクロモモンガ以外のエキゾチックアニマルの去勢手術は、齧歯類ではラット、モルモット、チンチラ、デグー、プレーリードッグで行うことがある。齧歯類以外では、ミーアキャット、フェレット、ハリネズミ、ミニブタ、サル類、コツメカワウソなどで行うことがある（図7-3-1〜7-3-8）。このなかでも筆者の施設では、ミーアキャットで実施することが多い。これらの動物の去勢手術は、ウサギやフクロモモンガに比較して実際に行う機会は少ないが、成書や論文に記載されている[2-9]。

去勢手術を行う目的は他の動物と同様に、攻撃性、性行動および尿マーキングの軽減、繁殖の防止である。精巣腫瘍に関しては発生率が不明であるため、精巣腫瘍の予防が目的になることはほぼない。

準備・術式の概略

解剖学的構造と生理学的特徴は、動物種ごとに異なる。そのため、手術方法や切開部位は動物種ごとに少しずつ異なるが、基本的な手技は犬、猫、ウサギに則り実施すれば問題ない。齧歯類はウサギと同様に鼠径輪が大きいが、精巣周囲に付随している多量の脂肪により鼠径ヘルニアが予防されているため、閉鎖式が推奨されている[8]。

麻酔管理についても犬・猫・ウサギと同様に行うことができるが、動物種ごとに方法は異なる。とくに気管挿管については、小型の動物では物理的に困難なことや、挿管しても気管チューブの径が小さく閉塞することがあるため、基本的に筆者はフェイスマスクで維持している。モルモットやチンチラは軟口蓋に口蓋孔（Palatal ostium）と呼ばれる小さな開口部があり、そ

れにより中咽頭と残りの咽頭部がつながっている[10]。そのため、内視鏡を用いない限り、気管挿管は困難である。

術後管理

術後管理は、その動物の一般的な特性を知っておかなければ、問題となる可能性がある。

例えば、草食動物であるモルモットやチンチラ、デグー、プレーリードッグでは、手術、麻酔、術後のカラー装着により、消化管うっ滞が起こる可能性があり、それに対する強制給餌などのケアが必要になる。

チンチラ、デグー、ラットは、手でフードを掴んで食べるため、エリザベスカラーを装着すると手でフードを掴めず食事ができなくなる。そのため、口をつけて直接食べられるように、器を台などの高いところに置くようにしたり、牧草を食べる動物種であれば牧草を短く切ってから与えたりするなど、食事の置き方や内容を工夫する必要がある。

ハリネズミはエリザベスカラーの装着が困難であり、傷テープの維持も困難なことが多いため、創部が保護されていない状況で経過をみることとなる。また、ハリネズミはまれに自咬することがあるため、注意が必要である。

ミーアキャットはエリザベスカラーの装着を気にしないが、入院ケージ内ではずっと動き回ったり、ケージを引っ掻く行動をしたりする。そのように興奮し続けていると体温が上昇し、熱中症になるリスクがある。

サル類は手先が器用なため、エリザベスカラーを装着していても、バンテージを取ってしまい、傷も手で引っ掻いたり、いじったりする可能性がある。

おわりに

上述の動物種の去勢手術自体は犬、猫、ウサギでの去勢手術の経験がそれなりにあるならば、それほど問題にならず行うことができると考える。ただし、その動物種の生態に精通していなければ、術後管理が一番の問題点になる。そのため、上述の動物種の去勢手術を行う際は、手術手技だけでなく、その動物種についてしっかり学んでから行うべきである。

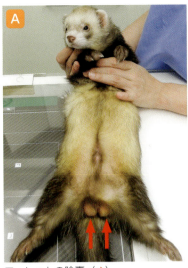
フェレットの陰嚢（➡）。

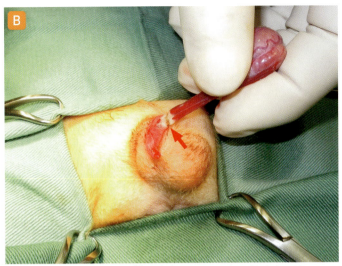
精巣動静脈（➡）をLigaSure™のデバイスでシーリングしたところ。

図 7-3-1 フェレットの去勢手術
陰嚢切開法によるアプローチで、去勢手術を行っている。

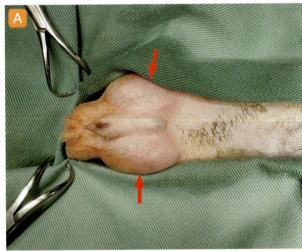
チンチラの精巣による皮膚の盛り上がり（➡）。

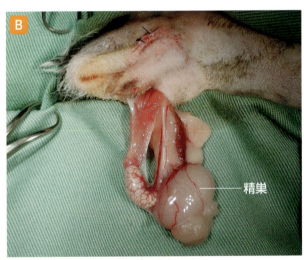
総鞘膜を切開し、精巣を取り出したところ。

図 7-3-2 チンチラの去勢手術
チンチラは明瞭な陰嚢をもたない（A）が、精巣上体尾が収まるMovable sacsやPostanal sacsと呼ばれる小嚢（➡）があるため[1]、精巣を圧迫することで容易に精巣を視認できる。触診により精巣の位置を確かめ、精巣直上切開法によるアプローチで、去勢手術を行っている。

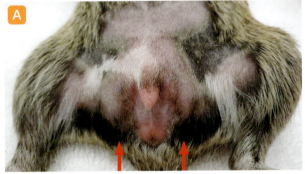
デグーの精巣による皮膚の盛り上がり（➡）。

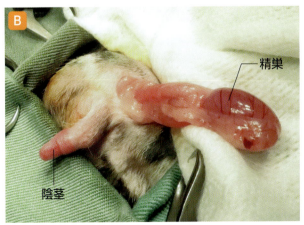
総鞘膜を切開し、精巣を取り出したところ。

図 7-3-3 デグーの去勢手術
デグーは明瞭な陰嚢を持たない（A）。触診により精巣の位置を確かめ、精巣直上切開法によるアプローチで、去勢手術を行っている。

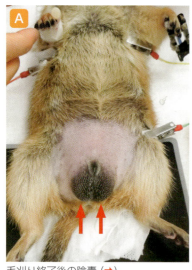

毛刈り終了後の陰嚢（➡）。

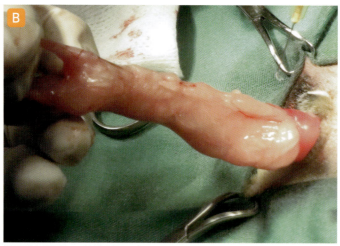

総鞘膜を切開し、精巣を取り出しているところ。

図 7-3-4　プレーリードッグの去勢手術
陰嚢切開法によるアプローチで、去勢手術を行っている。

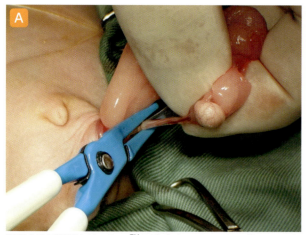

精巣上体尾間膜をLigaSure™のデバイスでシーリングしているところ。

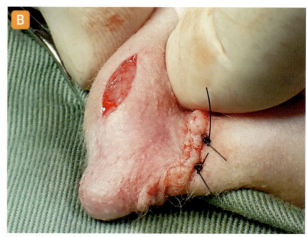

逆側の精巣の総鞘膜を切開したところ。

図 7-3-5　ファンシーラットの去勢手術
陰嚢切開法によるアプローチで、去勢手術を行っている。

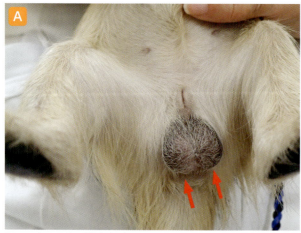

ミーアキャットの陰嚢（➡）。

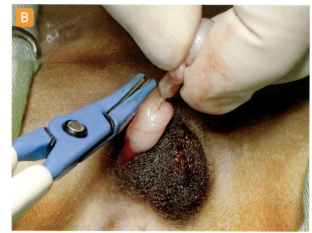

精巣動静脈をLigaSure™のデバイスによりシーリングした。

図 7-3-6　ミーアキャットの去勢手術
陰嚢切開法によるアプローチで、去勢手術を行っている。

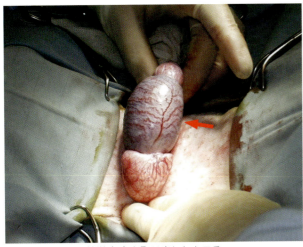
総鞘膜を切開し、精巣（➡）を取り出したところ。

図 7-3-7 ミニブタの去勢手術
陰嚢切開法によるアプローチで、去勢手術を行っている。

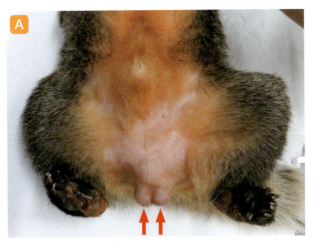
アカハナグマの陰嚢（➡）。

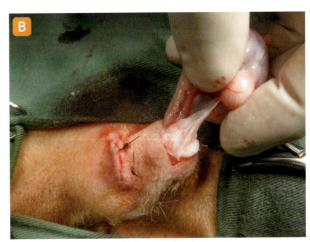
総鞘膜を切開し、逆側の精巣を取り出したところ。

図 7-3-8 アカハナグマの去勢手術
陰嚢切開法によるアプローチで、去勢手術を行っている。

【参考文献】

1. Quesenberry, K. E., Donnelly, T. M., Mans, C.(2012): Biology, Husbandry, and Clinical Techniques of Guinea Pigs and Chinchillas. In: Ferrets, Rabbits, and Rodents: Clinical Medicine and Surgery (Quesenberry, K. E., Carpenter, J. W. eds.), 3rd ed., pp.279-294, Elsevier.

2. Miwa, Y., Sladky, K. K.(2016): Small Mammals Common Surgical Procedures of Rodents, Ferrets, Hedgehogs, and Sugar Gliders. *Vet. Clin. North Am. Exot. Anim. Pract.*, 19(1):205-244.

3. Watson, M. K.(2016): Reproductive System. In: Current Therapy in Exotic Pet Practice(Mitchell, M., Tully Jr., T. N. eds.), pp.460-493, Saunders.

4. Bennett, R. A.(2012): Soft Tissue Surgery. In: Ferrets, Rabbits and Rodents: Clinical Medicine and Surgery(Quesenberry, K. E., Carpenter, J. W. eds.), 3rd ed., pp.326-338, Elsevier.

5. Bennett, R. A.(2012): Soft Tissue Surgery. In: Ferrets, Rabbits and Rodents: Clinical Medicine and Surgery(Quesenberry, K. E., Carpenter, J. W. eds.), 3rd ed., pp.373-392, Elsevier.

6. Malbrue, R. A., Arsuaga-Zorrilla, C. B., Bidot, W., *et al.*(2019): Evaluation of Orchiectomy and Ovariectomy Surgical Techniques in Degus (Octodon Degus). *J. Exo. Pet. Med.*, 30:22-28.

7. Jenkins, J. R.(2000): Surgical Sterilization in Small Mammals. Spay and Castration. *Vet. Clin. North Am. Exot. Anim. Pract.*, 3(3):617-627.

8. Guilmette, J., Langlois, I., Hélie, P.(2015): Comparative study of 2 surgical techniques for castration of guinea pigs (Cavia porcellus). *Can. J. Vet. Res.*, 79(4):323-328.

9. Taylor, D. J.(2001): Fancy pigs. In: BSAVA Manual of Exotic Pets(Meredith, A., Redrobe, S. eds.), 4th ed., pp.116-126, British Small Animal Veterinary Association.

10. 西村政晃(2020): チンチラの疾患. In: エキゾチック臨床 Vol.19 小型げっ歯類の診療(三輪恭嗣 監), pp.119-154, 学窓社.

索　引

■ あ

アトロピン	17、156
アルコール	33、34、50
アルファキサロン	16、51、104
アンドロゲン	12、65、84
アンドロゲン療法	91

■ い

育児嚢	154
イソフルラン	16、134、156
陰茎亀頭	23、49
陰茎棘	48、49、69
陰茎骨	25、48、98
陰嚢基部	52、88
陰嚢基部の切皮	88
陰嚢血種	43
陰嚢切開	35、50
陰嚢切開での精巣摘出術	42
陰嚢切除術	154、158
陰嚢前切開	35、140
陰嚢縫線	52

■ う

ウォルフ管	75

■ え

会陰ヘルニア	13、42、82
エストラジオール	84
エストロゲン誘発性骨髄抑制（EIM）	84
エネルギーデバイス	123
エリザベスカラー	42、63、150、161
エンロフロキサシン	22、134、157

■ お

オーバーハンド法	60

■ か

外陰部動脈	27、83、131
回収袋	117
開放式	23、35、133
カウンタートラクション	116
カメラポート	102
間質細胞腫	128

■ き

奇形腫	82、128
気腹圧	105
気腹装置	101
気腹流量	106
キャビテーション	123
局所麻酔薬	19、134

■ く

グリコピロレート	17、156
クリッパー	33、135
クロルヘキシジングルコン酸塩	33、34、50

■ け

ケタミン	16、51、79、134
血中テストステロン濃度測定	70
ケリー鉗子	103

■ こ

コアキシャル・セッティング	106
高エストロゲン血症	84
口蓋裂	14、50
光源装置	101
後大静脈	64、75、99
肛門周囲腺腫	12、44、82
呼気終末二酸化炭素分圧	105
呼気終末陽圧	106
コッヘル鉗子	32

固有精巣間膜	23、24、77
混合腫瘍	82
コンバート	124

■ し

止血切開装置	103
持針器	32、72、135
シプロヘプタジン	151
手術部位感染症	18
術中鎮痛薬	19
鞘状腔	24、25、87、99
鞘膜臓側板	25、36、132
鞘膜壁側板	25、36、132
深鼡径輪	25、75
人工呼吸器	104
深部SSI	20

■ す

ストラングルノット	38、57

■ せ

精管	23、24、25
精管間膜	25、38、55
精管間膜の切開	38
精管動静脈	25
精管動脈	26
精管膨大部	48、130
精筋膜	23、24、25
整形外科用リトラクター	102
精細胞	26
精索	23、98、130
精上皮腫	69、82、128
精巣	23、24、49、130
精巣下降	26、69
精巣間膜	25、37、54
精巣挙筋	23、24、25、88
精巣固定術	72

精巣実質	15、53、70、82
精巣腫瘍	48、69、82、129
精巣上体	24、25、49、130
精巣上体尾間膜	24、25、49、130
精巣上体尾間膜の剥離	37、55
精巣静脈	23、25
精巣動静脈	37、55、86、114、130
精巣導帯	26、77
精巣動脈	23、25
精巣内ブロック	18、51
精巣捻転	69、84、129
セファゾリン	22、134
セミノーマ	15、83
セルトリ細胞	26
セルトリ細胞腫	15、69、82、128
潜在精巣	14、48、68、128
潜在精巣摘出術	75、96
浅鼡径輪	25、75
前立腺	43、130
前立腺過形成	12

■ そ

臓器／体腔SSI	20
総鞘膜	23、24、25、36、53、73、141
総排泄腔	154
鼡径管	23、25、26、64、75、132
鼡径ヘルニア	69、128、132
鼡径輪	39、74、121、128、164

■ た

第1トロッカー	108
第2トロッカー	108
第3トロッカー	108
代謝性骨疾患	155
単純結節縫合	41、90、149
単精巣	68

■ ち

チャンバー	156
超音波凝固切開装置	32、103、123
超音波手術システム SonoSurg	103

■ つ

蔓状静脈叢	24、25、130

■ て

低侵襲外科	96
テストステロン	15、68
テレスコープ	100
電気メス	37

■ と

疼痛管理	16
ドキサプラム	138
トリメトプリム・スルファメトキサゾール	134
ドレーピング	35、52
トロッカー	96

■ な

内視鏡タワー	103

■ に

肉様膜	24
尿管閉塞	64
尿スプレー行動	128
尿道括約筋機能不全	44
尿道球腺	48、130、154
尿道の医原性損傷	43

■ ね

猫白血病ウイルス（FeLV）	65
猫免疫不全ウイルス（FIV）	65

■ は

背側陰嚢枝	27、88
白膜	24、36、53、86
バラアキシャル・セッティング	106
バランス麻酔	32、134
バリカン	33
バルーントロッカー	102
ハルステッドの手術原則	22

■ ひ

ヒト絨毛性ゴナドトロビン	15、70
表層SSI	20

■ ふ

ファモチジン	104、150
フェイスマスク	137
腹腔鏡用ガーゼ	123
腹腔内出血	42、64、79、123
腹側会陰動脈	27、88
腹大動脈	64、75
腹膜鏡下潜在精巣摘出術	96
浮腫	79、150
ブトルファノール	16、104
ブピバカイン	19、79、134、157
ブプレノルフィン	16、63、79、134、157

■ へ

ベンチレーター	104

■ ほ

ポビドンヨード	33、34、136
ホルモン反応性尿失禁	44

■ み

ミダゾラム	16、104
ミューラー管	75

■ む

無菌操作	104、150
無精巣	68

■ め

メッツェンバウム剪刀	32、135
メデトミジン	19、51、134
メトクロプラミド	150
メロキシカム	19、51、104、134、157

■ も

モサプリド	151
モスキート鉗子	32、55、117
モノポーラー型電気メス	32
問題行動	13

■ よ

予防的抗菌薬	22

■ ら

ライディッヒ細胞	26、68
ライディッヒ細胞腫	15、82
ラリンジアルマスク	137
卵胞刺激ホルモン	26

■ り

リドカイン	19、51、134、157

■ ろ

漏斗胸	50

＜数字ではじまる語＞

8の字結紮法	60

＜欧文ではじまる語＞

■ A

ASA-PS分類	14

■ E

$EtCO_2$	105、138

■ F

FSH	26

■ P

PEEP	106

■ S

SSI	18

監修者プロフィール

藤田 淳　FUJITA, Atsushi　　※コラムの執筆も担当

（公益財団法人 日本小動物医療センター 外科、
東京大学附属動物医療センター 外科系診療科、西原動物病院）

獣医師、日本小動物外科専門医、アジア小動物外科設立専門医、FUSE（Fundamental Use of Surgical Energy™）資格者。北海道大学卒業後、東京大学附属動物医療センター 外科系診療科、高島平手塚動物病院（東京都）勤務を経て、現在は公益財団法人 日本小動物医療センターの外科科長、東京大学附属動物医療センター外科系診療科の特任助教、西原動物病院（千葉県）の副院長を兼務し、一般外科、腫瘍外科に従事する。専門分野である外科においては「後世に伝えられていく、合併症の少ない手術法の開発」を志し、後進の育成にも全力を注いでいる。

金井 浩雄　KANAI, Hiroo　　※6章の執筆も担当

（かない動物病院）

獣医師・博士（獣医学）。岐阜大学卒業後、かない動物病院を開院。2022年に大阪府立大学（現 大阪公立大学）において内視鏡外科の研究（腹腔鏡下胆嚢摘出術、特発性乳び胸の胸腔鏡手術）にて博士号を取得。大阪公立大学獣医学部客員研究員、日本獣医内視鏡外科学会・VES（Veterinary Endoscopy Society）会員、カールストルツ・エンドスコピー・ジャパン学術アドバイザー、SAMIT（Study group of Small Animal Minimally Invasive Treatment）代表。

三輪 恭嗣　MIWA, Yasutsugu

（日本エキゾチック動物医療センター、東京大学附属動物医療センター、
宮崎大学農学部附属動物病院）

獣医師・博士（獣医学）。宮崎大学獣医学科卒業後、東京大学獣医外科研究生、研究員を経てエキゾチック動物専門の特任教員となり、みわエキゾチック動物病院開院（現 日本エキゾチック動物医療センター）。現在、東京大学と宮崎大学でエキゾチック動物の診療と教育を行い、都内でエキゾチック動物の専門病院を開業している。専門はエキゾチック動物獣医療であり、日本獣医エキゾチック動物学会会長を務めている。

執筆者プロフィール

戸村 慎太郎　TOMURA, Shintaro

（公益財団法人 日本小動物医療センター 外科）

獣医師。2014年に東京大学農学部獣医学課程獣医学専修を卒業。一次診療施設にて勤務後、2019年より公益財団法人 日本小動物医療センターに勤務。入職後2年間は総合診療科と循環器科を兼任。2021年に外科に転科し、2022年より日本獣医麻酔外科学会・日本小動物外科専門医協会による小動物外科レジデントプログラムを開始。

高橋 洋介　TAKAHASHI, Yousuke

(東京大学附属動物医療センター 外科系診療科 軟部組織外科)

2008年に麻布大学獣医学部卒業後、マーブル医療センターに勤務。2012年より東京大学附属動物医療センター外科系診療科の研修医となり、その後、動物救急センター文京(副院長)、公益財団法人 日本小動物医療センター外科(小動物外科専門医レジデント過程)に勤務。2019年より東京大学附属動物医療センター 外科系診療科に勤務し、現在は同センター軟部組織外科の科長を務めている。

岩田 泰介　IWATA, Taisuke

(公益財団法人 日本小動物医療センター 外科)

獣医師。2011年に日本獣医生命科学大学獣医学部獣医学科を卒業。一次診療施設(東京都足立区)にて勤務後、2019年より公益財団法人 日本小動物医療センターに勤務し、外科を担当する。2019年に日本獣医麻酔外科学会・日本小動物外科専門医協会による小動物外科レジデントプログラムを開始、2024年に課程修了。

橋本 裕子　HASHIMOTO, Yuko

(東京大学附属動物医療センター 外科系診療科 軟部組織外科)

東京大学獣医外科学研究室卒業。東京大学附属動物医療センター外科系診療科にて研修終了後、埼玉県の一般開業病院で小動物臨床に従事。その後、東京大学附属動物医療センター外科系診療科特任臨床医として、軟部外科を専門に診察・手術を行っている。2018年に日本獣医麻酔外科学会・日本小動物外科専門医協会による小動物外科レジデントプログラムを開始。

西村 政晃　NISHIMURA, Masaaki

(日本エキゾチック動物医療センター)

2008年3月北里大学獣医畜産学部卒業。2008年4月～2012年8月アリスどうぶつクリニック勤務。2012年11月～2016年3月相川動物医療センター勤務、日本小動物外科専門医に師事。2016年4月より、みわエキゾチック動物病院(現日本エキゾチック動物医療センター)勤務。現在は同病院にて副院長および鳥類臨床責任者として診療およびさまざまな書籍の執筆に従事する。

小動物基礎臨床技術シリーズ
精巣・精巣腫瘍摘出術

2024年8月1日　第1版第1刷発行

監　　修　藤田 淳、金井浩雄、三輪恭嗣
発 行 者　太田宗雪
発 行 所　株式会社 EDUWARD Press（エデュワードプレス）
　　　　　〒194-0022　東京都町田市森野1-24-13　ギャランフォトビル３階
　　　　　編集部：Tel. 042-707-6138 ／ Fax. 042-707-6139
　　　　　販売推進課（受注専用）：Tel. 0120-80-1906 ／ Fax. 0120-80-1872
　　　　　E-mail：info@eduward.jp
　　　　　Web Site：https://eduward.jp（コーポレートサイト）
　　　　　　　　　　https://eduward.online（オンラインショップ）

表紙デザイン　アイル企画
本文デザイン　飯岡恵美子
イ ラ ス ト　龍屋意匠合同会社
組　　版　bee'sknees-design
印刷・製本　瞬報社写真印刷株式会社

乱丁・落丁本は、送料弊社負担にてお取替えいたします。
本書の内容に変更・訂正などがあった場合は弊社コーポレートサイトの「SUPPORT」に掲載されております
正誤表でお知らせいたします。
本書の内容の一部または全部を無断で複写・複製・転載することを禁じます。

© 2024 EDUWARD Press Co., Ltd. All Rights Reserved. Printed in Japan.
ISBN978-4-86671-225-3　C3047